AF465972

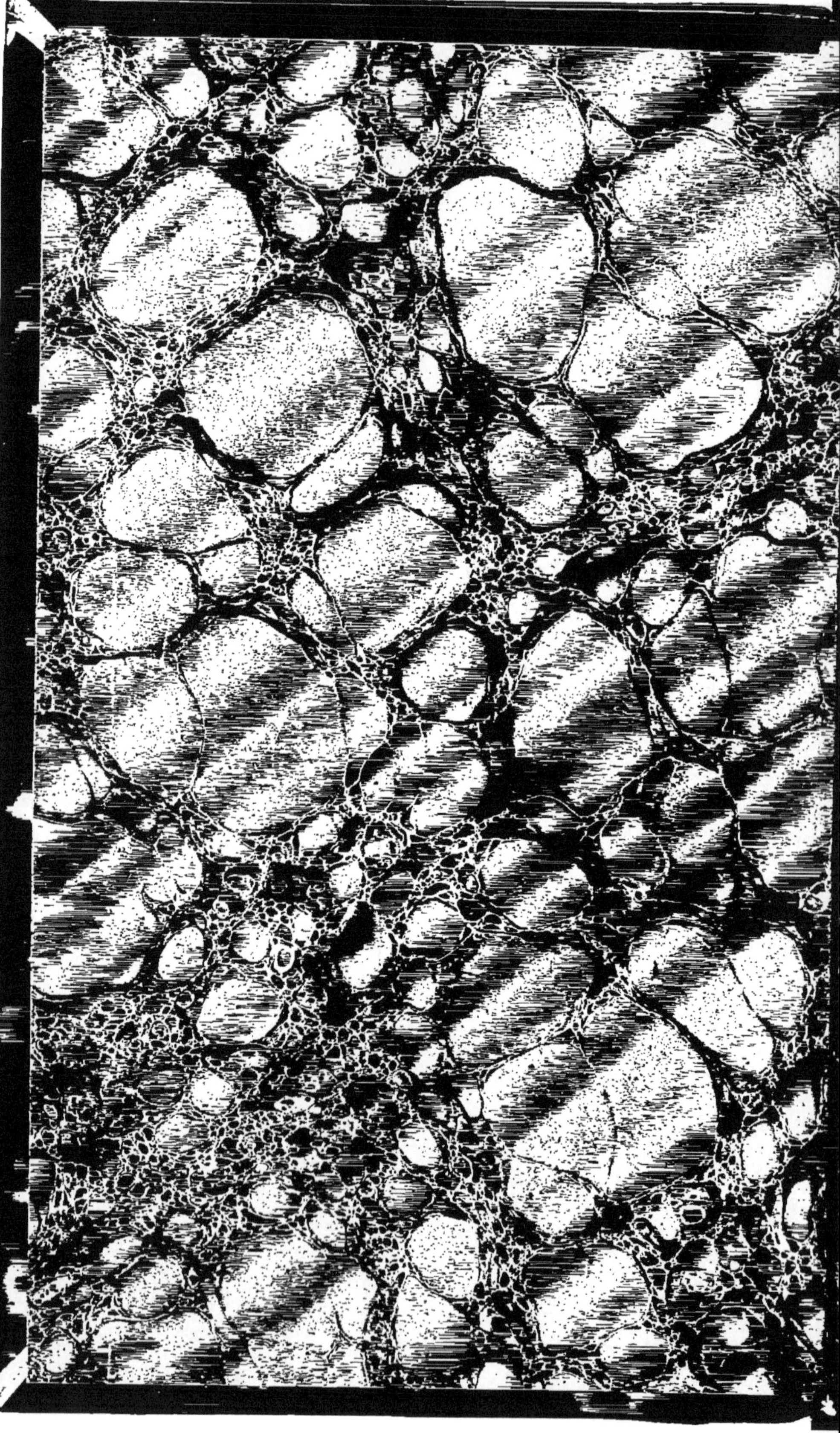

# BIBLIOTHÈQUE

DE

# LA JEUNESSE CHRÉTIENNE,

APPROUVÉE

PAR M^GR^ L'ARCHEVÊQUE DE TOURS.

P. 160.

Bataille d'Héliopolis

# FIRMIN

OU

# Le jeune Voyageur en Egypte

PAR

Mr. de Marlès

P. 157.

Le Sphinx et les Pyramides

Tours

Ad. Mame & Cie

EDITEURS

# FIRMIN,

OU

# LE JEUNE VOYAGEUR EN ÉGYPTE.

PAR M. DE MARLÈS,

Auteur de l'histoire de Marie Stuart, etc.

TOURS,

Ad MAME ET Cie, IMPRIMEURS-LIBRAIRES.

1842

# CHAPITRE PREMIER.

Départ de Marseille. — Alexandrie. — Méhémet-Ali.

« Eh bien! mon ami, c'est ainsi que vous recevez la nouvelle que je vous donne! Moi, qui croyais que vous alliez bondir de joie! et vous voilà sombre, rêveur, presque fâché.

— Maïs non, M. Roland, je ne suis pas fâché; mais franchement... c'est que j'aimerais mieux...

— Quoi? retourner à Paris?

— Non...

— Que voulez-vous donc? Nous venons de parcourir la France en tous sens; le goût des voyages vous est venu, nous écrivons à votre bon père, qui se hâte de se rendre à vos désirs, nous donne carte blanche pour plusieurs années, et pousse l'attention jusqu'à nous tracer lui-même notre itinéraire...

— Et c'est là précisément ce qui me contrarie. Nous entrons tout justement dans l'hiver, un hiver qui s'annonce bien, et il m'envoie en Égypte! au mois de décembre en Égypte! Ne vaut-il pas mieux, par exemple, que nous allions passer l'hiver en Italie, sous ce beau ciel d'Italie? Naples, la Sicile, Rome, Florence. Et puis, quand la belle saison revient, au mois de mai, de juin, nous voguons vers l'Égypte. Voilà qui serait raisonnable...

— Pour des enfants.

— Des enfants, des enfants; c'est toujours là ce que vous me répondez, quand je fais une observation; il me semble pourtant, M. Roland, qu'à mon âge...

— Oh! pardon, Monsieur, pardon. J'oubliais que M. Firmin de Hauterive a dix-huit ans accomplis depuis deux jours.

— M. Roland, je vous en prie, ne plaisantez pas; mais tâchez d'obtenir...

— Cela n'est pas possible. M. de Hauterive est sage, éclairé, prévoyant; ses dispositions sont faites, et nous devons nous garder d'y rien changer. Sa lettre m'annonce que, par l'intermédiaire d'un banquier de la capitale, un négociant français, établi dans Alexandrie, a reçu ou va recevoir des capitaux pour les tenir à notre disposition; et voilà déjà un grand point, M. Firmin; car il faut que vous sachiez, si déjà vous ne vous en êtes aperçu, que l'argent est le nerf des voyages, comme il est celui de toutes les affaires. Mais il y a plus, ces mois de l'hiver qui vous effraient sont précisément ceux où le séjour de l'Égypte, transformée tout d'un coup d'aride désert en jardin magnifique, devient délicieux; et dans ces mois de mai, de juin, si beaux dans le midi de notre France, l'Égypte n'offre, excepté dans quelques lieux, que des landes de sable, arides, stériles, bientôt après recouvertes par les eaux du fleuve débordé. »

Ces explications suffirent pour ramener Firmin à la volonté de son père et lui faire approuver avec enthousiasme ce qu'il avait d'abord blâmé avec dépit. « Ah! M. Roland, s'écria-t-il en prenant les mains de son gouverneur, je suis bien coupable! J'ai murmuré contre mon père, tandis que ce bon père ne s'occupait que de moi. Que je voudrais qu'il fût là pour lui montrer ma reconnaissance et obtenir mon pardon! — Très-bien, mon ami; à votre âge, on a souvent des torts, mais on ne sait pas toujours les reconnaître, et reconnaître un tort, c'est le réparer. Nous voilà donc d'accord et disposés à partir demain, aujourd'hui, dans une heure, au premier vent qui enflera nos voiles; vous, rendu à votre gaieté quelquefois un peu folle, et moi, malgré vos dix-huit ans, reprenant mon rôle d'argus ou de mentor, comme vous l'aimerez mieux. »

Ils en étaient là de leur entretien, lorsqu'un

domestique de l'hôtel vint leur apporter une lettre. Elle était du capitaine du navire. Cet officier leur annonçait qu'un vent frais venait de se lever, et qu'il était dans l'intention d'en profiter; on allait appareiller dans deux heures, et, selon les apparences, la traversée serait heureuse et courte.

La nuit n'était pas encore venue, et déjà nos deux voyageurs étaient sur le vaisseau. C'était un bâtiment marchand, bien équipé et bon voilier; il était même percé pour six ou huit canons; mais les canons n'y étaient pas.

« Bah! disait le capitaine, depuis que nous avons Alger, au grand désappointement de nos bons voisins d'outre mer, nous ne craignons plus les pirates. Nous avons bien les Tunisiens qui ne valent pas mieux maintenant qu'ils ne valaient il y a dix ans; mais, placés entre Alger et l'Égypte, ils n'osent pas bouger. Le vice-roi n'entend pas raillerie. Quand ses vaisseaux saisissaient un pirate, l'équipage était vendu aux enchères s'il n'était d'abord pendu. Méhémet-Ali veut que les marchands puissent aborder sûrement en Égypte, comme ils peuvent parcourir l'Égypte même d'Alexandrie à Sienne, et bien au delà sans crainte des Bédouins, c'est-à-dire des Arabes voleurs. »

Ainsi que le capitaine l'avait promis, la traversée eut lieu sans accident. Ce fut le jour de la Noël, vers les dix heures du matin, que nos deux voyageurs entrèrent dans le port d'Alexandrie, cette héritière dégénérée de la superbe métropole des Ptolémées. M. Roland, bien jeune encore, avait fait partie de l'expédition d'Égypte. La réquisition l'avait jeté un peu malgré lui dans les rangs de l'armée; mais, comme il n'avait pas l'humeur guerrière, il s'était attaché à l'un des officiers généraux qui, peu de temps après, furent désignés pour accompagner Bonaparte en Égypte. Son patron, qui n'était pas seulement bon militaire, mais qui était encore savant, et, comme tel, membre de l'Institut, l'attacha plus particulièrement à ce corps, destiné à faire les seules conquêtes que la France devait conserver de cette aventureuse expédition. M. Roland avait donc parcouru l'Égypte en tous sens, exploré ses ruines et ses catacombes, observé les crues périodiques du Nil, visité ses déserts, ses montagnes, et appliqué constamment à tout ce qu'il voyait les descriptions d'Hérodote, de Diodore, de Pline, de Ptolémée, et même les relations de Paul Lucas, qui fut assez favorisé du ciel pour voir ce que personne n'avait vu avant lui, ce que personne n'a vu depuis. Heureux Paul Lucas!

M. Roland était un excellent homme qui joignait à beaucoup de bonnes qualités beaucoup d'érudition et de connaissances; mais, comme il en convenait lui-même, il avait sa manie à lui, c'était de citer, quelquefois en grec, mais rarement, parce que Firmin l'entendait peu, souvent en latin, parce que Firmin, qui n'avait pas été élevé avec les méthodes qui font des savants dans six mois, connaissait très-bien la langue d'Horace. Il citait encore en anglais, en allemand, en espagnol, en italien; mais sa prédilection était pour le latin. A ce travers près, sa conversation était instructive, souvent amusante, toujours sage et châtiée. Il était fier de citer, moins pour faire ostentation de savoir que pour pouvoir appuyer ce qu'il disait d'une autorité recommandable.

L'aspect d'Alexandrie fit un assez étrange effet sur l'esprit de Firmin; c'était un mélange de plaisir et de tristesse tellement combinés, que l'un et l'autre offraient quelque compensation, de sorte qu'on ne pouvait dire, de ces deux sentiments, lequel l'emportait réellement sur l'autre. M. Roland comprit très-bien ce qui se passait dans l'esprit de son élève. « Je m'aperçois, mon jeune ami, lui dit-il, que vous ne trouvez pas ici ce que vous comptiez y voir; je conviens que ces murs délabrés, que ces rues étroites, sales et tortueuses que nous découvrons devant nous, représentent mal cette superbe Alexandrie que son fondateur avait destinée à devenir la capitale du monde, et qui en fut, en effet, la première ville sous les successeurs immédiats de Ptolémée Lagus. Ce que vous éprouvez maintenant, je l'éprouvai, moi, il y aura bientôt un demi-siècle ; mais il n'est personne, comme dit Térence,

*Quin res, ætas, usus semper aliquid adportet novi ;*

à qui les événements, l'âge, l'expérience n'apportent quelque chose de nouveau, et l'expérience, disait Ovide, ne vient qu'avec les années : *Seris venit usus ab annis*. Mais patience ; vous l'acquerrez aussi avec le temps, et alors les choses ne vous surprendront pas, parce qu'elle vous aura plus d'une fois désenchanté. Encore Alexandrie a beaucoup gagné depuis la fin du dix-huitième siècle ; car c'était alors une bien misérable bourgade qui n'avait pas plus de sept à huit mille habitants, vivant la plupart dans des maisons de bois ou des huttes de terre. Je savais que depuis que le vice-roi a fixé ici sa résidence, afin de surveiller de plus près ses opérations commerciales avec l'Europe, car Méhémet-Ali est le premier ou même le seul commerçant de ses États, je savais que quelques monuments publics avaient été construits ; mais, en vérité, je ne m'attendais pas à tout ce que je vois.

Sortons de la ville qui n'offre rien de remarquable à des voyageurs accoutumés aux belles villes de l'Europe, et rendons-nous sur les quais. Nous marchons sur un sol que la mer couvrait autrefois de ses eaux ; ici se trouvait l'île d'Antirhodes, qui abritait des vents du nord une partie du port Eunoste, qui se divisa plus tard en port vieux et port neuf. Cette île, qui prit plus tard le nom de Roudettis, avait été toute plantée en figuiers; elle est maintenant couverte en grande partie de maisons. Ce port neuf, que nous avons sous nos yeux, ne formait qu'une partie de l'Eunoste. Avant Méhémet-Ali, c'était dans ce port seulement qu'on recevait les bâtiments des chrétiens; vous pouvez voir que les vents du nord y entrent librement, ce qui le rend fort peu sûr. Le vieux port, c'est-à-dire la grande portion occidentale de l'Eunoste, renferme d'ordinaire toutes les escadres égyptiennes; et pour une marine naissante, dans un pays qui n'a ni bois, ni fer, ni constructeurs, le nombre des bâtiments est assez considérable. Voilà une vingtaine de vaisseaux de ligne et de frégates; vous pouvez reconnaître, à l'épaisseur des bordages, qu'ils sont très-solidement construits. On assure que la manœuvre du canon y est très-facile et l'abordage fort dangereux pour ceux qui tentent d'y monter. L'organisation de cette marine, produite comme par enchantement, est due à un simple capitaine de frégate français, nommé Besson, devenu amiral au service du vice-roi. — Besson! n'était-ce pas ce nom que portait le brave marin qui offrit à Bonaparte, après son désastre de Waterloo, de le conduire aux États-Unis, et qui répondait sur sa tête de l'y faire arriver sain et sauf? — Oui, c'était ce même nom, car il s'agit du même individu. Cet officier vint offrir au vice-roi ses services, le vice-roi les accepta, et il a des vaisseaux. Besson n'a pas joui longtemps de sa fortune, et la mort l'est venue surprendre dans un moment où il la croyait loin encore ; il a été remplacé par un autre Français, M. de Cerisy, qui a présidé à l'établissement d'un arsenal complet. Voyez-vous là-bas cette longue suite de bâtiments? C'est l'arsenal dont je vous parle. »

Le négociant à qui M. de Hauterive avait adressé nos voyageurs, et qui se nommait M. Dubreuil, avait un facile accès auprès du vice-roi, et il avait obtenu de lui une permission très-étendue pour les deux Français, qu'il lui avait dépeints comme des admirateurs des grandes choses qu'il avait opérées ; cette permission les autorisait à visiter tous les monuments, tous les édifices publics, et ils en profitèrent amplement. Ils virent le nouveau palais construit depuis peu pour remplacer le vieux palais en bois, peu digne d'un souverain de l'Égypte, l'hôtel de la Douane, la mosquée des mille et une colonnes, qui, bien que de construction toute moderne, est loin d'égaler en magnificence l'ancienne mosquée, aujourd'hui cathédrale de Cordoue, dont la voûte était supportée par une forêt de colonnes au nombre de mille moins une. Les fortifications attirèrent aussi l'attention de Firmin ; ce fut surtout l'arsenal qu'il parcourut et qu'il examina dans toutes ses divisions : ateliers de tous genres, chantiers de construction, bassins de carénage, magasins de vivres et de munitions, corderie et voilerie ; ce qui l'étonnait le plus, c'était d'apprendre que tous ces travaux avaient été faits et terminés dans six ans, de 1828 à 1834 ; et que cette rive, que maintenant il voyait animée et vivante, n'offrait auparavant qu'une plage de sable qui semblait défier la main des hommes de l'arracher à sa stérilité. On y voit aujourd'hui des jardins, des prairies ; c'est l'eau du Nil, qu'on y a amenée par des canaux, qui a produit ce prodige. Tous les bâtiments, à l'ouest de la ville, occupent une partie de l'emplacement de l'ancienne Nécropolis.

La partie méridionale de la ville, c'est-à-dire la plus rapprochée de la mer, est le quartier franc. C'est là qu'en général tous les chrétiens résident ; les maisons y sont mieux bâties et plus commodes. On y remarque un grand bâtiment carré, avec cour intérieure, offrant deux étages ornés chacun d'une galerie ; on le désigne par le nom d'Okel franc ; il sert d'entrepôt pour les marchandises dont les marchands européens se fournissent dans les magasins du vice-roi ; presque tous y ont leurs comptoirs.

« C'est dans Alexandrie, dit un jour à nos voyageurs l'honnête M. Dubreuil, que s'amoncellent tous les produits de l'Égypte. Le commerce de ces produits, réparti entre tous les habitants de l'Égypte, ferait circuler les capitaux par une infinité de mains, ce qui, à la longue, enrichirait le pays, mais c'est le vice-roi qui s'en est réservé le monopole, et qui, seul, exploite cette branche de richesse industrielle, à moins qu'il n'ait admis quelques négociants européens au partage des profits du monopole, moyennant de fortes rétributions en argent. Aussi le peuple, en général, dans Alexandrie comme par toute l'Égypte, est pauvre et sans patrimoine. C'est là un des vices de l'administration de Méhémet-Ali, à qui l'on doit d'ailleurs d'immenses améliorations dans tous les genres.

« Vous avez vu sa marine; son armée n'est pas moins bien organisée. Créer cette armée, et d'hommes ennemis de toute discipline, étrangers à toute tactique, faire des soldats attachés au drapeau; soumettre au joug ces indociles Mamlouks, qui ont donné deux races de souverains à l'Égypte, et qui, aujourd'hui, sont dépouillés de toute influence, ce n'était pas une facile entreprise: Méhémet a pourtant réussi à se donner une armée régulière et permanente qui se compose actuellement de trente régiments d'infanterie, de vingt régiments de cavalerie, de trois régiments d'artillerie, de quatre bataillons du génie, et de dix mille Bédouins, qui font le service de tirailleurs ou de troupes légères. Le vice-roi, il est vrai, ne pouvait opérer, lui, des réformes qui n'étaient pas moins nouvelles pour lui-même que pour ceux qu'on a contraints de les adopter. Il a été secondé puissamment, ou, pour mieux dire, il a secondé, par une intervention active née de sa puissante volonté, un officier français que la restauration avait refusé d'employer, et qui a eu le tort immense d'abjurer la religion dans laquelle il est né pour embrasser, au moins en apparence, le brutal et grossier islamisme.

— Ah! oui, c'est un grand tort pour lui, un grand scandale pour les autres, dit M. Roland; vous voulez parler de M. Selves, aujourd'hui Soliman-Pacha. L'abjuration doit être l'effet d'une conviction profonde, et il n'est pas possible qu'un homme instruit, éclairé comme M. Selves, ait abandonné, par conviction, la foi chrétienne et sa morale si pure, pour le culte grossier des sens imposé par Mahomet à ses sectateurs.

— Méhémet-Ali, continua M. Dubreuil, n'a pas cru avoir assez fait pour l'Égypte en lui donnant une marine, une armée; il a voulu encore doter ses sujets de manufactures de toute sorte; il a senti que ce n'était qu'en excitant l'industrie qu'on arrivait à une plus prompte civilisation. Des filatures de coton, des fabriques de draps, des manufactures de lainage et de toilerie se sont élevées en peu d'années sur plusieurs points du Delta, et le Caire possède une fonderie avec huit fourneaux à réverbère, qui peuvent contenir quatre-vingt mille livres de métal. Ce ne sont pas là les seuls travaux de Méhémet-Ali. L'ancienne Alexandrie eut plusieurs canaux, qui lui apportaient en tout temps l'eau nécessaire aux besoins de sa population nombreuse ; mais ces canaux, depuis longtemps abandonnés, s'étaient presque comblés, au point qu'en beaucoup de lieux il n'en restait point de trace; Méhémet-Ali a voulu rendre la vie à ce sol aride; il a rouvert, recreusé les canaux; il a desséché le lac Maréotis; il a commencé le barrage du Nil. Le canal de Bahirah s'étend du lac Maréotis à la branche occidentale du fleuve, qui se décharge dans la mer à deux petites lieues à l'est de Rosette, ce qui établit une communication par le Nil entre Alexandrie et le Caire. Le canal dit de Cléopâtre, pareillement rétabli, joint le Nil au vieux port; il commence à Fouah. Cent cinquante mille Arabes y ont travaillé pendant plus d'un an; on dit que vingt mille d'entre eux sont morts durant les travaux. Ce canal est destiné à recevoir les bateaux qui vont d'Alexandrie à Fouah, et qui sont arrêtés sur le Nil par la difficulté de la navigation. Malheureusement la nature du terrain est telle que le lit du canal se remplit très-vite de vase, ce qui ne le rend navigable que lorsque le Nil est très-élevé. Cet inconvénient disparaîtra, et la Basse-Égypte pourra s'arroser à volonté, si l'on parvient à terminer le barrage du Nil, ouvrage immense dont l'exécution est confiée à des ingénieurs français.

« Le duc de Raguse, qui a visité l'Égypte il y a deux ou trois ans, a fait le portrait de Méhémet-Ali; et nous qui, depuis tant d'années, habitons Alexandrie, nous pouvons affirmer que la peinture est d'une parfaite ressemblance. « Méhémet-« Ali, dit le duc de Raguse, est né avec un tact « très-délié...., et c'est une chose qui tient du « prodige que l'habileté qu'il a déployée pour ar-« river au pouvoir et s'y maintenir..... Il a reçu « de la nature.... une force de volonté qui ne con-« naît point d'obstacle, surmonte tout ou brise ce « qu'elle ne peut soumettre. La puissance d'opi-« nion que son nom a acquise.... a plus de force « que ne lui donnerait une armée.... De loin « comme de près, son action se fait sentir; elle « est telle qu'en peu d'années elle a opéré le pro-« dige de rendre sûres les routes de ses vastes « États... Aujourd'hui un Européen peut seul, « sans danger, librement et sans escorte, se « rendre du Taurus au Sennaar. Ce pouvoir mo-« ral qu'il a créé est le plus fort levier pour con-« duire les hommes.... L'instinct des grandes « choses lui a été donné.. : il voudrait réunir chez « lui tout ce qui existe ailleurs. Mais comme « aucune éducation n'est venue développer son

« génie naturel, les connaissances premières lui « manquent, et il est souvent mauvais juge du « choix des moyens....; d'un autre côté, il re- « cherche les conseils, il va au-devant des avis, « il encourage la liberté du langage, et ne néglige « rien pour obtenir ce qui lui manque. Méhémet- « Ali est l'homme de la nature et de l'expérience; « avec les facultés que développe l'étude, il « serait devenu un des premiers hommes de son « siècle. »

« Ici, continua M. Dubreuil, je pense que l'auteur a un peu trop restreint l'éloge; il fallait plutôt dire que, privé même de ces talents développés par l'étude, Méhémet est réellement devenu l'un des premiers hommes de son siècle. En compte-t-on beaucoup, en effet, qu'on puisse mettre au-dessus de lui? Je sais que, si on le considère sous chaque rapport particulier d'homme d'État, de conquérant, d'administrateur, il est possible de trouver des hommes spéciaux plus forts que lui; mais qu'on en cherche un seul qui ait tout réuni, talents administratifs, militaires, judiciaires même, et qui, ayant à discipliner et à civiliser une nation plus qu'à demi sauvage, ait plus fait que n'a fait Méhémet, avec moins de ressources du côté de l'instruction, et n'ayant pour moyens de succès qu'un génie brut et sans culture.

— Je suis tout à fait de votre avis, répondit

M. Roland; il faut convenir pourtant que les diverses améliorations qu'il a introduites dans ses États sont dues à des Français, et que, bien que les Égyptiens fussent un peuple grossier, l'expédition française avait laissé des germes de civilisation qui ont rendu plus facile la tâche de Méhémet.

— Cela est vrai; mais le vice-roi n'en a pas moins la gloire d'avoir aperçu ces germes, et au lieu de les étouffer suivant les principes exclusifs de l'islamisme, de les avoir d'abord recueillis avec soin et fécondés ensuite par son action immédiate et constante. Il s'est servi des hommes qu'il a jugés capables de l'aider dans ses desseins; il avait donc su les connaître et les apprécier; avec moins de talent d'observation et de jugement, il aurait pu se livrer à des intrigants, comme cela est arrivé à la fin du siècle passé au malheureux Tippou Saïb, dupe d'une poignée d'anarchistes français, venus de l'île de France, et se donnant hardiment pour les représentants de leur nation. Le vice-roi ne s'est pas borné à créer des armées, à construire des vaisseaux, à fondre des canons, à établir des manufactures; il s'est occupé aussi de l'éducation morale et scientifique des Égyptiens. Il commença par créer des écoles de mathématiques et de médecine, et non-seulement il fournit aux frais de ces écoles, mais encore il a, pendant longtemps, fourni à l'entretien des élèves et même de leurs parents. C'est de l'école de mathématiques, connue sous le nom de *Casr el aïn*, parce qu'elle se tient dans un édifice ainsi nommé, entre le Caire et le Nil, que sont sortis tous les jeunes gens envoyés à Paris et dans plusieurs autres villes de France; la seconde école, située à Abou-Zabel, à trois lieues au nord du Caire, dirigée par le docteur Clot, compte plus de deux cents élèves tant pour la théorie que pour la pratique. Méhémet a formé encore une grande école centrale pour l'enseignement des principales sciences et professions savantes et industrielles. Cette école, véritable université dans la vraie acception du mot, n'est point sans doute un établissement parfait, mais elle a déjà fourni un assez grand nombre d'élèves, devenus maîtres à leur tour.

« On peut dire que l'Égypte possède aujourd'hui la plupart des choses qu'on trouve en Europe, et que même une partie de l'Europe n'a pas encore. Nous avons des imprimeries, des machines à vapeur, des télégraphes, du gaz hydrogène pour nous éclairer, et il était moins difficile d'introduire toutes ces nouveautés en Égypte, que d'accoutumer les Égyptiens à s'en servir; car, pour créer un établissement, il ne faut qu'une volonté forte; il faut plus encore pour dompter les préjugés et le fanatisme qui luttent contre l'établissement naissant, et qui font regarder comme un crime d'employer ses produits. Ainsi l'uléma, l'iman qui, dès son enfance, n'a voulu rien voir hors du coran, doit être vaincu dans ses opinions les plus enracinées pour goûter des résultats proscrits par son livre; l'osmanli, profondément fataliste, s'était surtout opposé à l'établissement d'un collége de médecine; c'était, suivant lui, tenter Dieu et sa Providence que de vouloir détourner ou guérir par des secours humains le mal que Dieu nous envoie. Toutefois les osmanlis aujourd'hui, quand ils sont malades, s'adressent au médecin sans beaucoup de scrupule, et s'ils guérissent, ils n'en sont point fâchés, quoi qu'en puisse dire quelque uléma récalcitrant.

« C'est surtout dans les changements qui se sont opérés dans les usages et les habitudes de la vie commune que le progrès de la réforme est remarquable, moins à cause des changements eux-mêmes que parce que ces changements indiquent la direction nouvelle donnée aux idées. On observe, depuis quelque temps, surtout à l'armée, que beaucoup d'individus ont diminué l'ampleur de leurs vêtements; que d'autres, au lieu de turban, se coiffent d'une simple calotte qu'on appelle tarbouch; que d'autres encore, même en dehors de l'armée, paraissent sans barbe et le menton rasé; et personne ne se formalise de ces innovations.

« Les provinces ont été divisées en départements, en arrondissements et sous-arrondissements. Chaque département a des assemblées provinciales ; et des députés de toutes les provinces, réunis dans la capitale, forment un divan général ou assemblée centrale où se traitent les grands intérêts de la nation. Cette réunion a eu lieu la première fois en 1828. Ce fut le fameux Ibrahim-Pacha qui la présida. Une nouvelle loi pénale a été pareillement publiée. On y remarque une disposition singulière : si dans l'espace de quinze jours l'accusateur, en matière criminelle, ne peut prouver le fait allégué, l'accusé est mis en liberté à la charge pourtant de donner caution; et si plus tard le fait vient à être prouvé, l'accusé est de nouveau mis en jugement, et la caution est condamnée à un an de galères.

En un mot, il est bien peu de matières sur lesquelles Méhémet-Ali n'ait porté un œil investigateur, et dont il n'ait fait l'objet de sa sollicitude; on peut affirmer que sa surveillance s'étend jusqu'aux plus minces villages de son vaste empire; il se fait rendre compte jour par jour par tous les mamours (préfets et sous-préfets) et par tous les scheiks-el-belad ou chefs des villes et des villages, de tout ce qui se passe dans leur juridiction ; aussi un délit est à peine commis que le coupable est livré à la justice. Méhémet a compris de lui-même que, pour fonder son autorité sur des bases solides, il devait établir un système universel de centralisation et le suivre avec persévérance. Il a parfaitement réussi, et Méhémet est en Égypte le point unique auquel tout aboutit.

« C'est principalement en inspirant aux Arabes le goût de la propriété, en les attachant à la culture des terres que Méhémet a triomphé de leur penchant pour la vie nomade. Il mit tous ses soins à propager les diverses méthodes de culture appropriées à tous les terrains; et quinze ou seize cents jardiniers qu'il a fait venir de la Grèce, de la Syrie et d'autres pays ont été distribués par toute l'Égypte, tandis que plusieurs milliers d'ouvriers s'occupent de fortifier et de rehausser les digues, de nettoyer les canaux existants et d'en creuser de nouveaux. »

M. Dubreuil ne paraissait pas disposé à s'arrêter: sincère admirateur du vice-roi, il n'aurait pas tari sur son compte; cependant nos voyageurs désiraient continuer leur course; ils se séparèrent donc de l'honnête négociant, et s'acheminèrent du côté de l'Orient, où ils ne tardèrent pas à découvrir l'enceinte ruinée de l'Alexandrie arabe.

---

## CHAPITRE II.

Notions historiques. — Anciens monuments. — École d'Alexandrie. Bibliothèque.

« Peu de villes, dit M. Roland, ont subi autant de révolutions qu'Alexandrie. Quand les Romains s'en rendirent maîtres, elle était parvenue au plus haut degré de splendeur. Elle se soutint à peu près au même point pendant les trois premiers siècles de l'ère vulgaire, mais après que, par la division de tout l'empire, elle devint une dépendance de celui d'Orient, elle commença de déchoir; mais ce fut principalement sous la domination des Arabes, que sa décadence devint rapide. Avec la décadence eut lieu la dépopulation, et comme beaucoup de quartiers devinrent déserts, que son enceinte très-vaste avait besoin d'une armée pour la garder, et que, d'ailleurs, les habitants se montraient fort enclins à la révolte, les princes musulmans firent abattre, vers le milieu du neuvième siècle, les anciens remparts, et de leurs débris construisirent une enceinte nouvelle, flanquée de cent grosses tours, capables de loger chacune trois ou quatre cents hommes. Cette seconde Alexandrie, celle dont l'enceinte offre à nos yeux quelque vestige, renfermait un grand nombre de monuments des Ptolémées; mais ces monuments furent mutilés ou dénaturés par l'usage auquel on les appliqua. Cependant l'Alexandrie arabe conservait encore, au treizième siècle, les débris du vaste commerce dont la ville des Lagides avait été le centre; on y apportait toujours les denrées et les marchandises de l'Égypte; plusieurs monuments utiles étaient encore debout; le phare n'avait pas été renversé; mais deux cents ans plus tard les Turcs s'emparèrent de l'Égypte, et, sous l'administration désastreuse de ces farouches dominateurs, tout marcha vers la destruction.

« Les sciences qui, dans les premiers âges du christianisme, fleurirent avec tant d'éclat dans Alexandrie, furent rigoureusement prohibées; l'exportation des grains, étroitement défendue, cessa d'alimenter le commerce et de produire la richesse. Les habitants, appauvris et découragés, laissèrent les canaux se combler, leurs maisons tomber en ruines, et, abandonnant leur patrie, ils allèrent chercher la fortune en d'autres climats. Ceux qui restèrent craignirent, s'ils réparaient leurs maisons, de paraître riches et d'exciter la cupidité de leurs tyrans; leurs habitations s'écroulèrent, et ne furent point relevées; l'Alexandrie arabe resta peu à peu sans habitants. Vous n'apercevez aujourd'hui, dans l'enceinte qu'elle occupait, que des monuments abattus, des tronçons de statues, des colonnes brisées ou renversées et deux ou trois mosquées, où l'on se rendait jadis de l'Alexandrie turque comme à un lieu de pèlerinage.

« Oh! quelle différence entre l'Alexandrie turque et celle des Grecs! Vous n'ignorez pas que ce fut vers l'an 330 avant l'ère vulgaire, dans la seconde année de la 112e olympiade, qu'Alexandre jeta les fondements de cette ville sur le plan qui en fut dressé par l'architecte Dinocrate. Les Arabes, qui vénèrent encore la mémoire du héros macédonien, ont conservé à la ville le nom qu'elle porta dans l'antiquité; ils l'appellent *Scandarani*, ou *Scanderich*. On prétend qu'Alexandre, étant arrivé à Canope, voulut visiter le lac Mariotis, qu'il s'y rendit par eau, et qu'il aborda sur la rive septentrionale du lac; qu'ayant remarqué la langue étroite de terre qui existait entre cette rive du lac et la mer, il jugea cette position si heureuse, et, en même temps, si aisée à défendre, qu'il marqua aussitôt l'emplacement de la capitale future de son empire.

« Alexandrie s'accrut rapidement aux dépens de Memphis, comme Memphis l'avait fait aux dépens de Thèbes. Quand les Romains s'en rendirent maîtres, elle s'étendait, ses faubourgs compris, sur une longueur d'environ sept lieues ; la ville, placée au centre, occupait à peu près une lieue carrée; la population répondait à cette étendue. Diodore, prétend que, de son temps, le nombre des habitants libres se montait à trois cent mille, et comme d'ordinaire celui des affranchis et des esclaves était dans la proportion de trois à un, on peut conjecturer que la population totale était d'un million d'âmes, en y comprenant celle des faubourgs, depuis Canope jusqu'à Plinthine. La ville était coupée de rues droites du septentrion au midi, ce qui donnait une libre entrée aux vents du nord. D'autres rues la traversaient de l'orient à l'occident; une d'elles, large d'un plèthre (environ seize toises), longue de quarante stades (trois mille toises) (1), s'étendait de la porte de Canope à celle de Nécropolis; au milieu de sa longueur, elle se croisait avec une

(1) Le stade d'Alexandrie était de soixante-seize toises, plus long, par conséquent, d'un tiers que le stade employé plus tard par les Romains, lequel n'en avait que cinquante. Le stade olympique grec avait quatre-vingt-quinze pieds; le grand stade égyptien était de cent quatorze pieds.

rue semblable qui allait du lac à la mer. Les deux côtés étaient ornés de temples, de palais et d'édifices publics. L'île d'Antirhodes était alors pour les Alexandrins un lieu de plaisance très-fréquenté; vous n'avez pas oublié que l'Alexandrie moderne occupe une partie de l'emplacement du grand port, qui était vaste et profond, mais dont l'entrée était embarrassée de récifs à fleur d'eau, du côté d'Antirhodes. Ce fut dans cette île qu'Antoine bâtit un palais, après avoir perdu la bataille d'Actium; il lui donna le nom de *Timonium*.

« L'entrée du port, continua M. Roland, se trouvait entre le continent et la pointe occidentale d'Antirhodes. Mais quand les Ptolémées eurent divisé le port en deux parties, par une large chaussée qui aboutissait à l'extrémité orientale de l'île de Pharos, chaque partie, distinguée par le nom de vieux-port, à l'est, et de port-neuf à l'ouest de la chaussée, eut son entrée particulière. On entrait dans le port-neuf par deux passes entre l'île et le *Lochios*. On désignait par ce nom un rocher attenant à la terre ferme, à la pointe duquel avait été bâti le palais des Ptolémées. Ce palais fut la résidence de Cléopâtre. Il était vaste et commode, et renfermait des jardins et un temple. Dans ce temple on conservait, dit-on, le corps d'Alexandre dans un cercueil d'or, auquel on substitua plus tard un cercueil de verre, afin que les restes de ce grand homme fussent en évidence. Une

2

raison du même genre avait engagé Denis-le-Tyran à décharger de son manteau d'or les épaules de Jupiter Olympien ; il le couvrit d'un manteau de laine, en disant : « Voilà l'hiver qui s'approche; un manteau de laine le tiendra plus chaudement. »

« De ce palais on pouvait se rendre aux quartiers d'Alexandrie, situés au delà du port-neuf, par un pont que portaient des colonnes qui, s'élançant du fond des eaux, s'élevaient de plusieurs coudées (1) au-dessus de leur surface, de sorte que les galères et les petits bâtiments pouvaient, sans obstacle, passer par-dessous le pont. La chaussée qui divisait le port en deux, et qui, partant du continent, se terminait à l'île de Pharos, portait le nom d'Heptastade parce qu'elle avait sept stades de long. A son extrémité septentrionale fut construit, sous le règne de Philadelphe, ce phare fameux qui a passé pendant plusieurs siècles pour une des merveilles du monde, et qui certes méritait bien sa renommée, si nous pouvons ajouter foi à ce que les historiens en rapportent. Ce magnifique édifice consistait en un premier étage carré de marbre blanc, percé de plusieurs croisées ayant vue sur Alexandrie et

(1) La coudée était une mesure de longueur qui a beaucoup varié; les Grecs l'avaient d'un pied cinq pouces; celle des Romains était plus courte; la coudée égyptienne a varié de dix-neuf à vingt-deux pouces.

sur la mer; au-dessus de cet étage s'élevait une tour octogone, aussi de marbre blanc et d'une hauteur considérable. Cette tour se formait de plusieurs galeries balustrées, posées les unes sur les autres, en retraite, et soutenues par des colonnes. C'était au sommet de cette tour qu'on allumait le fanal. Voici ce que dit Abdallatif, le plus exact et le plus judicieux de tous les écrivains arabes; il parle du phare comme d'un monument encore existant de son temps : « On pré-
« tend que la hauteur totale du phare est de 233
« coudées; il se compose de trois étages; le pre-
« mier, carré, a 123 coudées; le second, octogone,
« en a 81 et demie; le troisième, rond, 31 et demie
« seulement. Au-dessus s'élève une espèce de
« chapelle qui a dix coudées. » Tout cela est croyable; Abdallatif ne fait que confirmer les descriptions plus anciennes; mais ce qu'Abdallatif ne dit pas, et ce qu'on trouve dans les anciens, exagération ridicule et contraire à toutes les lois de la physique, c'est que du haut du phare on voyait les vaisseaux entrer dans le port de Rhodes, à cent quatre-vingts lieues de distance!

« Ce monument, dont il ne reste pas aujourd'hui le moindre vestige, quoique le consul Maillet (homme d'ailleurs de beaucoup d'esprit, mais un peu sujet à se frapper d'enthousiasme) ait prétendu en voir les ruines au fond de la mer, fut l'ouvrage de Sostrate le Gnidien, le plus habile architecte de son temps, mais non le plus modeste. Philadelphe avait ordonné de graver sur le marbre une inscription qui transmît son nom à la postérité; l'architecte, jaloux, grava l'inscription en son propre nom, la recouvrit d'un léger enduit de chaux, et mit sur cet enduit le nom du roi. Au bout d'un certain nombre d'années, la chaux s'étant détachée, l'inscription primitive parut sur le marbre et laissa voir les mots suivants : *Sostratus Cnidius Dexiphanis f. (filius), Diis servatoribus pro navigantibus* (1). Le souvenir de cette orgueilleuse supercherie s'était perdu avec le temps, et comme l'inscription subsistait toujours, on finit par croire que le phare avait été construit aux frais de Sostrate. L'erreur s'accrédita même si bien, que Strabon, embarrassé de désigner par un titre convenable ce Sostrate, qu'il ne trouvait pas dans la série des souverains, l'appelle *l'ami des rois d'Egypte.* Lucien, mieux informé, a rapporté le fait avec toutes ses circonstances.

« Au milieu de l'Heptastade, on avait ménagé une ouverture ou coupure, par laquelle on communiquait librement d'un port à l'autre. Un pont, qui unissait les deux parties de la chaussée, fournissait le passage de l'île à la cité.

« Comme toute la contrée manquait d'eau, les

(1) Sostrate le Gnidien, fils de Dexiphane, aux Dieux sauveurs et protecteurs des marins.

anciens Pharaons, et après eux les Ptolémées avaient amené celle du Nil dans le lac Maréotis, dont l'eau descendait du lac Mœris et se déchargeait dans la mer, entre les ports Eunoste et Cibotus (1). L'autre partait du Nil, même au-dessous de Terranch; il a été remplacé par celui de Fouah, celui que le vice-roi a fait rouvrir depuis peu. Ces deux canaux principaux alimentaient plusieurs canaux subsidiaires, qui distribuaient les eaux dans la campagne et les portaient aux citernes de la ville. Le limon qui s'y déposait tous les ans, recueilli avec soin, servait à former des jardins autour d'Alexandrie. A l'embouchure du premier canal, dans le Maréotis, on avait construit un port intérieur, qui était devenu, sous les premiers Lagides, le centre d'un commerce immense. Les citernes d'Alexandrie n'avaient pas été mises par les anciens au nombre des sept merveilles, quoiqu'elles méritassent bien ce nom par leur utilité. Presque toutes étaient revêtues de marbre, les autres l'étaient de grandes dalles de pierre dure et polie. La voûte reposait sur des colonnes rangées comme celles d'un péristyle. Des galeries souterraines conduisaient de l'une à l'autre. Des conduits dérivés du grand canal les traversaient toutes; de sorte qu'elles s'emplissaient à la fois et qu'elles communi-

(1) Cibotus n'était qu'une mauvaise rade ouverte à tous les vents, à l'ouest d'Eunoste.

quaient entre elles. Comme les premières eaux de la crue sont toujours bourbeuses et sales, on n'introduisait l'eau dans le canal des citernes que le quatrième jour, usage qui dure encore. On dit qu'autrefois les citernes s'étendaient sous la ville entière, et qu'il y en avait même une suite qui arrivait jusqu'à trois ou quatre lieues au delà d'Alexandrie.

« On comptait dans la ville cinq principaux quartiers, qu'on désignait par les cinq premières lettres de l'alphabet : α, β, γ, δ, ε. Le plus oriental, qui comprenait tout le terrain intermédiaire entre le grand port et la porte de Canope, était plus connu sous le nom de *Bruchion*, qu'on lui avait donné, parce que, dans ses limites, se trouvaient d'immenses magasins de blé. On l'appelait aussi quartier des palais, parce qu'outre celui des Ptolémées il y en avait beaucoup d'autres, et qu'on y voyait surtout beaucoup d'édifices publics : le Forum, le théâtre, le musée, le temple d'Isis, le gymnase, etc. Le gymnase avait un portique dont le front, large de cent toises, se formait de plusieurs rangs de colonnes en marbre, qui supportaient l'entablement. Les temples de Sérapis et de Neptune étaient plus loin à l'occident.

« A la gauche d'Alexandrie, à l'est, sur cette plage aride où vous avez vu l'arsenal de marine, était le faubourg de Nécropolis, la ville des morts, s'étendant l'espace d'une lieue entre la mer et le lac. Ce lieu se couvrit d'abord de tombeaux, de chapelles, de temples, dont on orna les environs de bosquets fleuris ; bientôt après des maisons s'élevèrent au milieu des jardins : de Nécropolis à Plinthine, ce n'étaient que villages riants, où les vivants semblaient disputer aux morts leur dernier asile.

« L'Hippodrome se trouvait entre Nécropolis et la ville ; auprès de ce cirque fameux commençait le faubourg de Nicopolis ou de la Victoire, bâti par Octave après qu'il eut défait en ce lieu l'armée d'Antoine. Les riches et les grands y avaient tous des maisons de plaisance, ce qui faisait de Nicopolis une seconde Alexandrie. Un quartier de ce faubourg, nommé *Rhacotis*, avait été assigné aux Grecs commerçants. Il y avait plusieurs rues couvertes, comme les passages de Paris, ne recevant le jour que par des croisées pratiquées au toit. De ce quartier, on allait à celui de *Bucolis*, qui arrivait jusqu'à la mer. Non loin de Bucolis, on trouvait *Eleusine*, où se tenaient des foires qui attiraient la foule. Les bureaux des douanes se voyaient à *Schédis*, d'où l'on passait à *Taposiris*, fameux par ses manufactures de riches étoffes. Après Taposiris on découvrait le temple de Vénus Arsinoé, sur un promontoire dont la base se cachait sous les flots. Le temple était entouré de boutiques, ou l'on vendait tous les objets propres au culte de la déesse. Les pèlerins et les étrangers y trouvaient aussi des habitations. A peu de distance se montraient les ruines de Thonis, où, dit-on, aborda le ravisseur d'Hélène. Cette ville avait cessé d'exister avant que les Romains eussent soumis l'Égypte.

« Alexandrie avait, outre cette Nécropolis, un autre lieu de sépulture : c'étaient de vastes excavations creusées dans le roc, vers le nord-ouest. Un escalier de douze marches conduisait à une large avenue percée de quinze ouvertures latérales, par lesquelles on entrait dans autant d'allées, dont les côtés avaient une infinité de niches, propres à contenir des cercueils ; une de ces allées aboutissait à un caveau spacieux pareillement garni de niches. Toutes ces niches sont tellement dégradées, qu'elles n'ont plus de profondeur. Je ne vous offre pas d'entrer dans ces souterrains, dit M. Roland à Firmin, qui semblait assez disposé à le faire. Je vous assure qu'il n'y a rien de curieux ; et que, d'ailleurs, les allées sont tellement obstruées de terre et de sable, que le passage est, sinon très-difficile, extrêmement pénible. Au surplus, n'ayez point de regret, nous trouverons assez d'excavations à visiter ; vous en trouverez même en si grand nombre, que vous ne voudrez plus en voir.

— Voilà bien des choses qui n'existent plus, dit alors Firmin, et dont il paraît impossible, après tant de bouleversements matériels et politiques, de déterminer l'ancien emplacement; mais vous ne m'avez point parlé de cette école fameuse d'Alexandrie, qui a fait pendant si longtemps la gloire de cette ville; il y avait sans doute quelque édifice particulier, qui lui était spécialement consacré.

— Il semble que cela aurait dû être ainsi; mais ce serait une erreur de le croire. Du moins, puis-je dire que je n'ai vu nulle part qu'il soit fait mention d'aucun bâtiment particulier aux écoles. Il en était de l'école d'Alexandrie comme de l'Université à Paris : c'était un corps qu'on rencontrait partout, et qu'on ne voyait établi nulle part. Sous la troisième race de nos rois et principalement sous Philippe-Auguste, l'Université acquit de grands priviléges et beaucoup d'autorité; mais cette Université ne formait pas encore une institution dirigée et représentée par un nombre déterminé d'individus : c'était la réunion de tous les professeurs, de tous les maîtres qui tenaient des écoles. De même, dans Alexandrie il n'y avait pas une seule école, mais il y en avait un très-grand nombre, et dans ces diverses écoles on enseignait tous les systèmes de philosophie. Le musée même était moins une école qu'un lieu de réunion et de plaisir. Ainsi, quand on parle de *l'école d'Alexandrie,* on parle d'un être de raison, qui réellement n'est rien, si par ce mot l'on ne veut entendre la réunion de tous les systèmes qui se formèrent, ou qu'on enseigna dans Alexandrie. Mais, comme il se forma des systèmes bien différents les uns des autres, ou même diamétralement opposés, le nom *d'école d'Alexandrie*, même dans cette acception restreinte, ne saurait donner aucune idée précise. Il me semble pourtant, après avoir comparé, réuni en un faisceau toutes les mentions qui se trouvent chez les historiens relativement à l'école d'Alexandrie, que ce nom s'applique plus particulièrement à l'école néo-platonicienne, dont le système est aussi désigné sous le nom de philosophie alexandrine.

« On ne peut nier, reprit M. Roland, que l'école, ou plutôt les écoles d'Alexandrie n'eussent acquis une grande célébrité; elles avaient fourni des astronomes, des savants, des philosophes, des médecins et des théologiens. Un temps même arriva où l'on n'estima que ceux qui avaient suivi dans Alexandrie le cours de leurs études. Appien, Hérodien, Euclide, Origène étaient nés dans cette ville; Philon le Juif y composa ses ouvrages; les soixante-douze interprètes envoyés par le grand-prêtre Éléazar au premier des Lagides y firent leur version fameuse de la Bible, si généralement connue sous le nom de version des septante (1); plusieurs docteurs et Pères de l'É-

(1) On prétend que le lieu même où cette version se fit est ren-

glise y puisèrent les premiers principes de leurs connaissances. Mais bientôt les opinions théologiques de quelques novateurs impies vinrent semer le trouble et la discorde parmi les habitants d'Alexandrie ; les novateurs eux-mêmes défendirent leur doctrine par le meurtre et l'incendie. Dans cette lutte cruelle qui fit couler des torrents de sang pour des doctrines justement flétries du nom d'hérésies, les sciences philosophiques, proscrites et poursuivies, se couvrirent d'un voile pour se soustraire aux coups de l'intolérance. Obligé de s'exercer dans l'ombre, le génie perdit de son ressort, et ses fruits moins parfaits furent moins durables.

Aux excès des hérésiarques s'ajoutèrent les proscriptions des empereurs romains, et les persécutions de Caracalla, de Valérien, de Dioclétien furent suivies des persécutions de Théodose. Alors les sciences achevèrent de s'éteindre, et les écoles se fermèrent. Peu de temps après, le fanatisme mahométan vint consommer le mal par la main des conquérants arabes, et alors naquit l'ignorance des Coptes (1), à laquelle s'unit, dans les siècles suivants, l'ignorance brutale des Mam-

fermé dans l'enceinte d'une mosquée construite par les Turcs, et qui porte encore le nom de *Djami-al-Garbi*; mais il est permis de douter de l'exactitude de ce fait.

(1) On donne ce nom aux habitants de l'Égypte qui sont d'origine égyptienne, c'est-à-dire qui ne sont ni Arabes, ni Turcs, et qui descendent des Aborigènes.

louks, et plus tard, l'ignorance orgueilleuse des Osmanlis.

« Pour ce qui est des anciens systèmes philosophiques, qu'on désignait communément sous le nom générique d'école d'Alexandrie, on peut les réduire à quatre principaux : l'éclectisme, le mysticisme, le néo-platonisme et la philosophie chrétienne, qui a eu pour chef l'illustre Clément d'Alexandrie, qui a écrit sur beaucoup de sujets avec non moins d'élégance et de pureté que d'érudition et de profondeur. L'Église le compta d'abord au nombre de ses Pères, et plus tard elle l'a mis au nombre de ses saints ; il a prouvé dans ses derniers écrits l'excellence du christianisme, par les seules lumières de la raison ; il a fait voir combien ses doctrines s'accordent avec celles de la saine philosophie.

— Vous venez de m'expliquer enfin ce qu'il faut entendre par ces mots, répétés partout, d'*école d'Alexandrie*, et je saurai dorénavant à quoi m'en tenir. Nous devons bien regretter la perte de la fameuse bibliothèque d'Alexandrie, brûlée par ordre d'Omar ; on y aurait trouvé, si elle s'était conservée, tous les écrits publiés par les philosophes de ces diverses sectes.

— Je ne sais, mais il me semble que ces ouvrages avaient déjà péri à l'époque où cet acte de vandalisme fut ordonné et exécuté ; car vous savez qu'Alexandrie a eu plusieurs bibliothèques, qui toutes avaient cessé d'exister au moment de la conquête des Arabes.

— Supposez, M. Roland, que je ne le sais pas, et prenez la peine de m'apprendre ce qui concerne toutes ces bibliothèques, car, en vérité, je croyais qu'il n'y en avait eu qu'une.

— Ptolémée avait à cœur de faire d'Alexandrie la première ville du monde, en y réunissant tout ce qui donne aux peuples la puissance et la gloire. Il plaçait au premier rang, comme source abondante de prospérités, les sciences, les lettres et la philosophie; car il pensait que les savants et les gens de lettres ne servent pas moins la chose publique en répandant les lumières et l'instruction, que les commerçants en ouvrant des canaux par où s'écoulent les produits de l'industrie, que les militaires en se vouant à la défense de l'État. Il commença par construire un bel édifice, près de l'Hippodrome et attenant au musée. Le musée lui-même ne consistait qu'en une allée couverte, qui servait d'académie et de salle à manger, et en une allée découverte destinée à la promenade; l'allée couverte était formée par plusieurs rangs de colonnes; le bâtiment qui devait renfermer les livres était contigu à la colonnade.

«Démétrius de Phalère, guerrier, orateur, savant et poëte, fut chargé du soin de la bibliothèque naissante; il parvint, à force de recherches et en peu d'années, à réunir cent mille volumes, qu'il tira de la Grèce, de l'Italie, de la Chaldée, de la Perse et de l'Inde : Ptolémée lui fournissait tout l'or nécessaire pour ces acquisitions; il composa même un ouvrage qui devait prendre place dans la bibliothèque; c'était une histoire d'Alexandre, laquelle n'était pas, disait-on, inférieure à celles de Thucydide et de Xénophon; Zenodote remplaça Démétrius, Callimaque remplaça Zenodote, et eut pour successeur le fameux Eratosthène, qui fut à la fois poëte, philosophe, grammairien, astronome, géographe et historien, et qui augmenta considérablement le nombre dés volumes de la bibliothèque du musée; il voulait lui assurer la prééminence sur une seconde bibliothèque qu'on formait au Sérapéum.

« La bibliothèque fut très-négligée sous les successeurs d'Epiphane. Celui qu'on aurait cru le moins disposé à protéger les lettres, le tyran Phiscon, fit reprendre au musée sa splendeur première; il employa toutes sortes de moyens pour se procurer des livres. Ce fut moins, il est vrai, par goût pour la littérature ou la science, que par jalousie contre Pergame, dont on vantait les trésors littéraires; mais il n'en servit pas moins les lettres dans son royaume. La bibliothèque du musée périt à l'époque où Jules-César fut assiégé dans Alexandrie par les habitants révoltés. Pour priver ces derniers de leur flotte, il y fit mettre le feu. Malheureusement, la flamme, poussée par le vent dans le quartier du musée, alla s'attacher à plusieurs édifices; celui de la bibliothèque fut de ce nombre; elle contenait, dit-on, quatre cent mille volumes; en quelques heures, tout fut consumé. Le musée ne fut pas atteint; Strabon en parle comme d'un monument existant; les savants continuèrent de s'y réunir jusqu'au temps d'Aurélien, qui le renversa.

La bibliothèque du Sérapéum s'accrut de tout ce qu'on avait pu soustraire aux flammes; elle devint même plus considérable que celle du musée, par le don que fit Antoine à Cléopâtre, de la bibliothèque des rois de Pergame, composée de deux cent mille volumes (1). Quand le Sérapéum fut renversé d'ordre de l'empereur Théodose, on prétend que la bibliothèque fut sauvée, au moins en grande partie. Cette bibliothèque existait-elle encore à l'époque où Alexandrie fut conquise par les Arabes? Y a-t-il eu des livres brûlés en effet? cette question a divisé les savants.

Ce ne fut pourtant ni la bibliothèque des Ptolémées, ni celle du Sérapéum, ni même celle du Sébastéum ou temple d'Auguste, qu'Amrou-ben-

(1) Un volume ne consistait qu'en une feuille roulée de papyrus, ou en une collection de tablettes de cire, sur lesquelles on burinait l'écriture. Chaque volume composait un livre, mais ce livre renfermait à peine la matière d'une feuille ou deux d'impression. Ainsi les sept cent mille volumes de la bibliothèque du musée, brûlés au temps de Jules-César, équivalaient tout au plus à cinquante mille de nos in-12 ordinaires.

al-As livra aux flammes par ordre de son maître. La première n'existait plus depuis six cent soixante ans et plus ; les autres furent ruinées dans le cours du cinquième siècle. Orose, écrivain de ce temps, a vu, pour ainsi dire, enlever et disperser les volumes, mais il est probable qu'une bibliothèque plus moderne avait été réunie. Toutefois, s'il paraît certain que beaucoup d'autres livres ont été brûlés, il faut se garder de croire, avec certains écrivains, que les livres proscrits servirent pendant six mois à chauffer les quatre mille bains d'Alexandrie. »

---

## CHAPITRE III.

Colonne de Pompée. — Environs d'Alexandrie. — Jupiter-Ammon. — Canope. — Sérapis. — Aboukir.

« Nous voici arrivés sur le lieu où s'élevait, je crois, ce temple superbe de Sérapis dont je vous ai parlé.

— Je n'aperçois là que la colonne de Pompée.

— Cette colonne, qui n'a jamais été érigée, ni par Pompée, ni en l'honneur de Pompée, située autrefois dans la ville grecque, et qui se trouve aujourd'hui à une demi-lieue de l'Alexandrie turque, non loin du rivage de la mer, repose sur un tertre de roche naturelle. Son piédestal, haut de dix pieds, est assez peu proportionné à son fût d'une seule pièce, de 63 pieds 1 pouce 3 lignes, sur un peu plus de 8 pieds à sa base, avec un léger renflement dans le milieu. Au-dessus du fût est un chapiteau d'ordre corinthien, masse lourde et grossièrement travaillée, de la même hauteur que la base. Le piédestal porte sur des débris d'édifices plus anciens. Sur le plan du chapiteau, on voit un cercle de six pieds de diamètre, déprimé d'environ deux pouces, ce qui a fait supposer que la colonne avait autrefois supporté une statue. Il n'y a pas encore quatre siècles que le nom de Pompée fut imposé à la colonne : comme on savait qu'Alexandrie avait érigé un monument à ce Romain au temps de ses prospérités, et qu'on ignorait en quel lieu, il suffit d'avoir vu sur le piédestal, dans une inscription grecque presque effacée, quelques lettres pouvant appartenir au nom de Pompée, pour former la conjecture qui a longtemps prévalu. M. de Villoison établit qu'un préfet d'Égypte, qu'il croit s'être appelé Pomponius, fit hommage à Dioclétien de cette colonne. Parmi les Arabes, Aboul-Féda dit qu'elle fut érigée en l'honneur de Septime-Sévère, en reconnaissance des immunités que cet empereur avait accordées aux Alexandrins. C'est une erreur, Abdallatif, qui l'appelle *Amond alsawari* (colonne des piliers), après avoir dit que cette colonne est de granit rouge très-dur, et que sa hauteur (la base et le chapiteau compris) est de soixante-deux coudées un sixième (1), ajoute qu'on voit dans la mer, non

(1) C'est à très-peu de chose près la hauteur totale donnée au monument, quatre-vingt-treize pieds environ ; quelques écrivains donnent cette hauteur au fût seul : ils se trompent.

loin de la ville (l'Alexandrie des Arabes), plus de quatre cents colonnes brisées, du même granit que celui de l'Amond alsawari. « Elles étaient, dit-il, « toutes dressées autour de la grande ; Karadja, « gouverneur d'Alexandrie pour le sultan Salah-« Eddin, les fit renverser, rompre et jeter dans la « mer, afin de garantir le rivage de l'effort des « vagues. On voyait aussi autour de la grande co-« lonne des fragments de petites, ainsi que des « débris de la voûte qu'elles supportaient..... Il « existait là sans doute un ancien édifice, et ce fut « probablement dans son enceinte qu'Aristote et « ses disciples donnèrent leurs leçons de philoso-« phie, et qu'on plaça dans la suite la bibliothèque « qui fut brûlée par ordre d'Omar. »

« Ces suppositions d'Abdallatif ont été pleinement confirmées par les opérations des savants qui accompagnaient l'armée française et par le judicieux traducteur d'Abdallatif (M. de Sacy), lequel ne doute pas que cet édifice ne fût le Sérapéum, ou temple de Sérapis ; il se fonde sur un passage de Strabon, suivant lequel le palais de Ptolémée, le musée, le Sébastéum, les sépultures royales et le temple de Neptune se trouvaient autour du grand port. Quant au temple de Sérapis, dit le même géographe, il était situé en delà du canal qui allait du lac Maréotis au port de Cibotus, et c'est précisément cette place qu'occupe la colonne. L'Anglais White, dans son Égyptiaca, et Langlès, dans ses notes sur Norden, ont victorieusement prouvé que la colonne, dite de Pompée, était placée au centre d'un portique formé d'un grand nombre de colonnes. Ce portique était probablement ruiné en partie, quand le gouverneur Karadja le fit démolir. Il existe encore d'autres autorités, qu'il est inutile de citer après MM. de Sacy, Langlès et White; il est évident, à mes yeux, que les livres qui remplissaient les chambres du pourtour du portique composaient la bibliothèque du Sérapéum; mais je ne pense pas que ce soit cette bibliothèque qu'Amrou livra aux flammes. »

Après avoir visité en esprit ce qu'Alexandrie peut offrir encore de remarquable à des hommes qui peuvent se contenter d'illusions et de souvenirs, nos deux voyageurs se munirent de montures et de guides, dans l'intention de faire une excursion du côté de l'ouest.

« Les environs de ce lac Maréotis que le vice-roi entreprend de dessécher, dit M. Roland, étaient jadis couverts jusqu'aux frontières de la Lybie de jardins et d'habitations; une ville de même nom s'élevait sur le bord méridional; vous n'y voyez aujourd'hui qu'un mince village qu'on nomme Mariouth, et dont les habitants recueillent les eaux pluviales dans trois ou quatre citernes. Plus loin, sur le sol ou plutôt sur les sables qui sont là devant nous, il y avait deux villes, suivant Macrisy; il serait difficile d'en retrouver les ruines. Au nord-ouest du lac, sur le bord de la mer, ce hameau que vous découvrez remplace Taposiris, où l'on conservait les restes d'Osiris dans un tombeau magnifique. Il y avait à peu de distance un puits de trente pieds de profondeur, par lequel on descendait à un labyrinthe taillé dans le roc. Paul-Lucas prétend qu'il y est descendu et qu'il y a vu, dans un cercueil doré, la momie d'un bœuf; mais Paul-Lucas est sujet à caution.

« Vis-à-vis de Taposiris était Plinthine, dont le sable couvre les ruines; sur son ancien emplacement on a construit une tour, ou, pour mieux dire, on a dressé une colonne sur un socle carré, supporté par un piédestal octogone; c'est ce qu'on appelle la Tour des Arabes. Comme toute cette plage est très-basse, et par conséquent dangereuse pour les navires, il est à présumer que la colonne servait de phare. On voit encore autour du piédestal les traces d'un escalier extérieur. On sait que les Arabes et les Maures étaient dans l'usage de construire des escaliers extérieurs montant en spirale autour des monuments de ce genre.

— Voilà des ruines, dit Firmin, qui semblent avoir appartenu à quelque temple; je vois les restes d'un mur d'enceinte, qui doit avoir eu huit ou neuf toises d'élévation; maintenant je découvre des colonnes doriques; ce devait être un vaste édifice : peut-être ce temple de Vénus Arsinoé dont vous m'avez parlé.

— Cela se peut; il me semble pourtant qu'on doit plutôt reconnaître dans ces ruines celles de la forteresse dont parle Strabon, nommée Petite-Chersonèse, auprès de Plinthine; les Ptolémées l'avaient fait construire pour fermer l'entrée de la Chersonèse ou isthme d'Alexandrie. Au surplus, nous aurons le temps de voir de plus près ces ruines, puisque nous devons passer la nuit à la Tour des Arabes, ou si vous le préférez avec la tribu d'Oulad-Ali qui habite une vallée voisine, pour continuer ensuite notre route vers l'oasis de Siouah ou de Koum-Ammon. On ne voyage pas dans cette partie de l'Égypte comme en France, où l'on peut trouver un gîte convenable à toutes les heures ou plus souvent. Ici c'est le voisinage des sources qui détermine ce que nous appelons la dînée et la couchée.

— Je me consulte, s'écria Firmin interrompant son gouverneur : ai-je bien grande envie de voir l'oasis d'Ammon? Je ne le crois pas. Voilà le soleil qui tombe à plomb sur nos têtes; c'est comme chez nous le soleil du mois d'août, et puis du sable brûlant sous les pieds, et pas le moindre buisson sous lequel on puisse respirer un air moins chaud. M. Roland, vous avez vu cet oasis, vous; si vous me disiez ce que vous y avez remarqué, cela ne produirait-il pas à peu près pour moi le même effet?

— Je crois, mon ami, que vous y gagnerez encore, et j'avoue que ce n'est pas la peine de faire soixante ou soixante-dix lieues à travers un désert dont vous n'avez ici qu'un échantillon, pour voir quelques vestiges, quelques ruines qu'avec la foi d'un voyageur on peut prendre pour les restes du temple. Oh! si ce temple était encore sur pied, fallût-il traverser tout le désert de Lybie, je vous dirais volontiers : avançons quoiqu'il nous en coûte; nous trouverons le dédommagement au bout du voyage :

*Perfer et obdura : dolor hic tibi proderit olim.*

Souffrez et persévérez ; cette souffrance vous produira un jour quelque bien.

— Et comme ce temple n'existe plus et que je n'ai pas encore cette foi robuste du voyageur qui croit parfois avoir vu ce qui n'existe pas, je ferai bien de m'en rapporter à vous sans réserve.

— A cinq ou six journées du Plinthine était le temple de Jupiter Ammon, divinité égyptienne à tête de bélier, dans une oasis qui porte aujourd'hui le nom de Siouah ou de Koum-Ammon. Cette oasis était jadis fort riche, à cause de l'immense quantité de dévots qui allaient consulter l'oracle et déposer leurs offrandes aux pieds de l'idole ; il s'y faisait aussi un grand commerce. Un canal dérivé du lac Mœris prenait son cours vers l'oasis sacrée ; entretenu avec soin, il facilitait le transport des denrées, ouvrait des communications faciles entre le temple et l'Égypte, portait la fraîcheur et la vie au fond du désert et fécondait un sol qui semblait condamné par la nature à la stérilité. Le temple était magnifique et digne de l'oracle qui jouissait de la plus grande célébrité, mais qui perdit son influence après la réponse de l'oracle à Alexandre, réponse dictée par la crainte ou achetée à prix d'or ; on crut qu'un dieu qui reconnaissait un homme pour son fils ne pouvait être qu'un imposteur. Voilà ce qui résulte des écrits de Diodore, de Plutarque, de Strabon, etc., et j'admets volontiers tout cela, excepté pourtant ce canal qui portait l'eau du Nil à quatre-vingt-dix ou cent lieues de distance à travers des sables, canal qui au surplus aurait dû traverser une profonde vallée que les Arabes appellent *Bahr Belama* ou fleuve sans eau, ce qui n'aurait pu avoir lieu qu'au moyen d'un immense aqueduc.

« Voici maintenant ce que j'ai vu. Au milieu de l'oasis est une petite ville qui porte le nom de Siouah ; elle a la forme d'un pain de sucre, les maisons sont bâties autour d'une éminence conique, depuis la base jusqu'au sommet ; mais ces maisons sales, noires et mal construites, ne sont bonnes à voir que de loin. A mesure qu'on s'approche, l'effet d'abord curieux et pittoresque devient pénible et dégoûtant. Cette ville renferme environ deux mille âmes. A peu de distance, j'ai vu des fondements de murs épais, sur deux ou trois lignes, ce qui a pu former deux ou trois enceintes; j'ai vu aussi quelques blocs énormes de pierre taillée. A un mille de distance, dans un bois de palmiers d'assez mauvaise venue, j'ai vu une source intermittente qu'on m'a dit fournir de l'eau froide au milieu du jour et au milieu de la nuit, et de l'eau chaude le matin et le soir. Je n'ai pas pu m'assurer si la chose était vraie, parce que je n'ai passé que fort peu de temps auprès de cette source. Dans une colline voisine de la fontaine, j'ai remarqué de grandes excavations, qui ont pu être des catacombes, et qui servent aujourd'hui d'habitation à des familles arabes. Enfin quelques ruines qui existent dans la direction de la vallée d'Élouah m'ont fait conjecturer qu'il y avait eu là des habitations, soit pour les personnes attachées au service du temple, soit pour les étrangers que la dévotion attirait.

— Ce que je ne conçois pas, c'est la formation des oasis au milieu de ces flots de sable.

— Il y a sur ce point plusieurs opinions, et aucune peut-être n'indique la véritable cause de ce phénomène. Les uns disent que les anciens Pharaons, voulant prévenir l'effet désastreux des trop grandes crues, avaient creusé des canaux de décharge dans la Haute-Égypte, et que ces canaux, traversant la chaîne lybique au-dessus de

Satopolis, versaient dans le désert les eaux surabondantes du Nil. Ces eaux déposaient des limons qui, poussés par le vent, s'amoncelaient là où quelque obstacle arrêtait leur marche. Ces limons arrivaient mêlés avec des graines de plantes déracinées et entraînées par les courants; et ces graines, favorisées par le climat, germaient rapidement. Peu à peu de nouveaux dépôts s'adjoignaient au premier et contribuaient à former un sol productif. D'autres, au contraire, prétendent que la Lybie a été fort longtemps couverte par les eaux de la mer; qu'à mesure que les eaux se sont retirées, les portions les plus élevées du sol ont formé des îles; que ces îles se sont peu à peu couvertes de mousses, de gazons, de buissons, d'arbustes. D'autres encore veulent que le Nil ait autrefois coulé dans la Lybie, sinon en totalité, du moins en partie. D'Anville a cru reconnaître le lit du fleuve Lycus des anciens dans le Bahr Belama; Larcher, au contraire, n'y a vu que le lit du Nil; et j'ai entendu Denon, qui fit partie de l'expédition d'Égypte, soutenir l'opinion de Larcher.

« Avec tous ces systèmes, on peut jusqu'à un certain point, expliquer la formation des oasis; mais on n'explique pas la présence des sources dans ces oasis, et de quelque manière que ces îles de verdure se soient formées, il est certain que ce n'est que par ces eaux, présent de la terre, qu'elles peuvent conserver leur fertilité. Sans elles, elles n'auraient pas résisté un quart de siècle aux ardeurs du soleil, à l'action des vents du désert ni à l'invasion des sables. »

Il était presque nuit quand nos voyageurs rentrèrent dans Alexandrie, fatigués et mourant de faim et de soif, parce que, vers le milieu du jour, Firmin, apercevant à la porte d'une pauvre chaumière trois ou quatre enfants sous la garde d'une vieille femme, leur avait donné toutes ses provisions dans un accès de philanthropie que M. Roland ne voulut pas contenir dans de plus étroites limites, laissant Firmin acquérir de l'expérience à ses dépens. Restaurés par un bon repas à la française, car on a des cuisiniers français dans Alexandrie, ils ne tardèrent pas à s'enfermer dans leur chambre pour s'y livrer au repos et préparer des forces pour la journée du lendemain.

Le jour venu, Firmin, qui, depuis une heure, ne dormait plus, mais qui, dans les beaux rêves dont son imagination le berçait, se trouvait en présence de tous les Pharaons des trente dynasties du prêtre d'Héliopolis, sauta de son lit, et ne voulant pas réveiller M. Roland, qui dormait encore, se mit à remuer les meubles et à faire tapage dans la chambre, pour qu'il se réveillât de lui-même, et, comme on peut le croire, ce résultat ne se fit pas attendre. Les guides étaient arrivés, et, au bout d'un quart d'heure, on se mit en route du côté du levant. On traversa d'abord, dans toute sa longueur, la ville des Arabes, ou pour mieux dire l'emplacement qu'elle occupait avant l'invasion turque. Au lieu des maisons qui n'existent plus, Firmin n'apercevait que de vastes esplanades couvertes de gazon et de fleurs champêtres, des prairies ornées d'une riche verdure, des jardins potagers offrant en parfaite maturité des légumes de plusieurs sortes.

« Voilà, dit M. Roland, ce que produit ici l'inondation; à peine les eaux se sont-elles retirées, ce qui a lieu dans le mois d'octobre, le sol se tapisse d'herbe et s'émaille de fleurs. Cette belle végétation se soutiendra tant que les citernes fourniront de l'eau pour l'arrosage. Aussitôt que l'arrosement cessera, ces jardins, ces prairies, ces esplanades gazonnées redeviendront des champs de sable semés de décombres. Ce ne sont guère que des décombres que ce lieu renferme. Les Arabes, dans leur soif inextinguible d'or,

*Auri sacra fames, quid non mortalia cogis*
*Pectora?*

comptant trouver partout des trésors cachés, ont tout bouleversé, tout détruit, tout fouillé, tout renversé : ils n'ont rien épargné, rien négligé : *Nil est audere relictum.* Ils ont tout osé.

— Cela est étonnant, car les Arabes, à ce qu'on dit, sont très-sobres, vivent de peu et portent leurs habits jusqu'à ce qu'ils tombent en lambeaux.

— Il n'en est pas moins vrai qu'ils ont abattu les obélisques, détruit les édifices, visité l'intérieur des pyramides, violé tous les tombeaux, dépouillé les momies, renversé les murailles. Voyez ce mur de circonvallation; il est tout construit de fragments antiques, vous avez remarqué en entrant le chambranle de la porte, ce sont des tronçons de colonnes de granit; toutes les autres, ainsi que celles des tours, sont construites de même. Des colonnes couchées forment les assises de la muraille. — Il me semble que les Turcs sont allés plus loin encore que les Arabes; car aux fragments de granit ils ont mêlé la brique, le cailloutage, le bois de charpente, ce qui forme un monstrueux assemblage de restes de grandeur et de produits de la barbarie. »

Nos voyageurs virent, en passant, les aiguilles de Cléopâtre; ce sont deux obélisques dont l'un est encore debout, sur une simple dalle de pierre; l'autre est renversé; ils sont de forme quadrangulaire. Non loin de là, ils remarquèrent un édifice arabe, dont le soubassement a incontestablement appartenu à un temple ou à un palais de construction grecque. Le palais des Ptolémées, que Strabon place au bord de la mer, à la pointe du Lochios, semble avoir occupé le sol sur lequel se trouve l'édifice arabe; il est probable que ce palais n'était pas tout à fait ruiné à l'époque de la conquête, et que les Arabes ont bâti sur ses fondations. Un peu plus loin vers l'orient, on voit d'autres édifices arabes, également construits de débris grecs ou égyptiens. Quelques voyageurs prétendent y avoir remarqué des portes de bois de sycomore encore entières, quoique le temps eût rongé les lames de fer qui les recouvraient; si le fait était vrai, il prouverait que le bois de sycomore est incorruptible, ainsi qu'on l'a dit et même écrit plusieurs fois, ce qui doit, ce semble, signifier seulement qu'il se conserve très-longtemps sans altération.

Quand on s'approche de Saint-Athanase, on rencontre des bains arabes. Sur les parois de l'église ou plutôt dans la cour de la mosquée, on trouve un petit temple octogone, qui renferme une espèce de cave de marbre toute couverte d'hiéroglyphes. On ignore quel en fut l'usage. Auprès du Chalitch ou canal qui porte encore le nom de Cléopâtre, mais hors de la ville, il y a des salines qui appartiennent au vice-roi, et fournissent de très-beau sel. Au temps de Vansleb, on obtenait le sel en introduisant l'eau du Nil dans les salines; au bout de vingt-quatre heures, le sel se précipitait en cristaux.

Avant d'arriver à la rade à jamais fameuse d'Aboukir, nos voyageurs virent sur la côte, et presque dans la mer, des débris de colonnes, de statues et de sphinx ; près de ces débris, s'élevait jadis un édifice arabe dont on ne voit plus que les vestiges. En descendant vers le midi, ils aperçurent d'autres ruines, parmi lesquelles ils distinguèrent des tronçons de colonnes cannelées et des chapiteaux corinthiens de granit rose.

« Ces ruines, dit Firmin, semblent indiquer l'existence d'un ancien temple.

— S'il y eut là un temple, ce fut nécessairement celui du Sérapis canopien, car, suivant toutes les descriptions qui en ont été faites, c'était ici qu'était cette superbe Canope, séjour des plaisirs et des voluptés, renommée pour ses temples et pour ses fêtes, opprobre du paganisme. Le temps, le temps a tout dévoré : *tempus edax rerum*. Vous ne voyez aujourd'hui dans les environs qu'un désert stérile, coupé de monticules de sable et de monceaux de décombres. Le canal qui, passant par Eleusine, allait d'Alexandrie à Canope, a disparu sans laisser le moindre vestige. Le Nil lui-même, qui, au temps d'Hérodote, avait ici une de ses principales bouches, le Nil s'est éloigné de ces lieux, restés déserts et sauvages. On y trouve pourtant quelques puits aboutissant à des citernes dont l'entrée est si étroite et surtout si obscure, qu'on ne peut juger de leur capacité.

« On adorait à Canope l'eau-élément, c'était le dieu des marins et des nautoniers ; il occupait dans l'ancienne sphère égyptienne la place du verseau. Quelques écrivains ont avancé que Canope était le pilote de Ménélas, lequel périt près d'Amyclée par la morsure d'une vipère; d'autres en ont fait le pilote du vaisseau d'Osiris. On raconte que des mages perses, adorateurs du feu, étant venus à Canope, prétendirent, au grand scandale des Canopiens, que le dieu qu'ils adoraient était le plus puissant de tous les dieux, puisqu'il pouvait détruire tous les autres, et ils portèrent contre les prêtres du dieu de Canope un défi formel que ceux-ci acceptèrent. En conséquence un feu très-vif fut allumé, et sur ce feu on plaça le dieu Canope enfermé dans une vaste amphore. Les mages se croyaient sûrs de la victoire; l'eau devait s'évaporer par l'ébullition et l'amphore rester vide, et cela serait infailliblement arrivé si les adorateurs de l'eau n'avaient fait usage d'une petite ruse qui leur réussit; ils avaient percé l'amphore d'une infinité de trous, qu'ils avaient bouchés avec de la cire. Comme le feu était vif, la cire fondit en un instant; et l'eau, s'échappant aussitôt par les trous, tomba comme une pluie abondante sur le feu, qui s'éteignit. Les mages se plaignirent de cette supercherie, mais les Canopiens répondirent que, pour éprouver réellement la force et la puissance des deux divinités, il fallait les mettre en contact immédiat.

— Il me semble, dit Firmin, que ces mages et ces prêtres de Canope devaient être comme les augures, de qui Cicéron disait qu'ils ne pouvaient se rencontrer sans rire. Mais puisque les Canopiens adoraient l'eau, pourquoi m'avez-vous dit que les ruines que nous avons vues sont celles d'un temple de Sérapis.

— Quand l'Égypte, soumise par Alexandre, fut devenue l'apanage des Ptolémées, les Égyptiens furent contraints par leurs nouveaux maîtres à recevoir dans leur panthéon tous les dieux de la Grèce; dans les premiers temps ils n'érigèrent de temples à ces dieux étrangers que hors des villes; plus tard les Lagides firent construire dans Alexandrie un temple au dieu Sérapis, et ce temple superbe a duré jusqu'au cinquième siècle.

— J'aurais cru que Sérapis était un dieu égyptien; peut-être même le bœuf Apis.

— Vous n'auriez pas eu seul cette idée; on la trouve dans Apollodore. Mais il paraît que le culte de Sérapis fut apporté de la Grèce, car il n'en existe aucune trace sur les monuments égyptiens antérieurs aux Lagides, et l'historien Hérodote, qui est entré dans les plus grands détails sur la religion des Égyptiens, ne fait aucune mention de Sérapis, ce qui prouve que ce dieu n'existait pas encore en Égypte à l'époque où il écrivait. Voici ce qu'on dit de son origine : Apis, fils de Telchis, était roi du Péloponèse; il acquit beaucoup de puissance, ce qui peut-être lui inspira le goût du despotisme. Quelques-uns de ses sujets conspirèrent contre lui et le tuèrent. Argus vengea sa mort par celle des meurtriers, et il le fit mettre au rang des dieux sous le nom de Sarapis ou Sérapis. Quand son culte eut été transporté de la Grèce en Égypte, on le confondit souvent avec Jupiter ou avec Pluton; quelquefois même on le prit pour Osiris ou le soleil. Son temple de Canope était le plus célèbre de tous. On s'y rendait de tous les cantons de l'Égypte lorsqu'on célébrait sa fête, au commencement de mai. Je n'aurais point de termes pour exprimer toute la licence qui régnait dans ces fêtes abominables, où le vice effronté se montrait sans voile. Vers le milieu du deuxième siècle, Alexandre-Sévère introduisit à Rome les fêtes de Sérapis; mais le sénat ne tarda pas à les abolir; en Égypte elles insultèrent plus longtemps à la pudeur publique, et quand Théodose ordonna la destruction du Sérapéum d'Alexandrie, les traces de ce culte n'étaient encore que trop évidentes. »

Tout en s'occupant de Canope, nos voyageurs aperçurent plus loin, vers l'orient, d'autres ruines enfouies presque en entier sous le sable. M. Roland conjectura que c'étaient celles de l'Héraclée de Strabon, à l'entrée de l'isthme très-étroit à la pointe duquel s'élève le fort d'Aboukir, autrefois d'Héraclée ou de Canope. La description que donne ce judicieux géographe du fort d'Héraclée s'applique parfaitement au château actuel d'Aboukir. Comme tout le sol est de roche calcaire, il n'est pas présumable que l'état des lieux ait changé. Ce fut sur la rade d'Aboukir que périt, en 1798, la flotte française qui avait transporté Bonaparte et l'armée française en Égypte ; ce fut sur la plage étroite de ce même Aboukir, que, l'année suivante, une division de l'armée remporta une brillante victoire sur l'armée anglo-turque ; Aboukir n'a qu'une centaine de maisons petites et délabrées. Le château n'a de remarquable que sa porte, qui est formée par quatre grandes pierres de porphyre d'un beau vert foncé et par deux blocs de granit.

Aboukir n'avait rien par lui-même qui pût exciter la curiosité ; nos voyageurs n'y restèrent pas longtemps, et après avoir fait, eux et leurs guides, honneur aux provisions qu'ils avaient apportées, ils prirent la route de Rosette en faisant le tour du lac Madich, que le Nil a tout à fait abandonné et que la mer envahit. Ce lac formait autrefois la bouche canopique. La route que nos voyageurs suivirent traversait des landes stériles qui s'étendent tout le long du rivage. Ces landes se terminent à des collines sablonneuses dont le flanc occidental offre quelques palmiers. Du haut de ces collines nos voyageurs découvrirent Rosette au milieu d'une forêt de dattiers et de bananiers, presque sur l'ancien emplacement de Bolbitine, qui avait donné son nom à une des bouches du Nil.

---

## CHAPITRE IV.

Rosette. — Saïs. — Delta. — Fêtes religieuses. — Goût des Égyptiens pour ces fêtes.

Comme il était nuit quand ils arrivèrent à Rosette, ils eurent assez de peine à trouver la maison d'un négociant français pour qui M. Dubreuil leur avait donné une lettre de recommandation. Heureusement, M. Roland parlait un peu l'arabe, qu'il avait appris au temps de l'expédition; il connaissait même Rosette, où il avait fait un séjour de trois ou quatre mois. De tout cela, il est vrai, il y avait quarante ans, et dans quarante ans les idées s'effacent; il sut pourtant se retrouver dans la ville, et, ce qui était le plus essentiel, découvrir la maison de M. Dupré. Le correspondant de M. Dubreuil reçut ses compatriotes avec l'hospitalité la plus empressée, et les conduisit aussitôt dans ses appartements. Sa famille s'y trouvait réunie. Elle se composait de sa femme, qui paraissait avoir à peu près quarante ans, d'une jeune fille d'environ seize ans et d'un garçon qui pouvait en avoir dix-huit, l'âge de Firmin. Il y avait dans le salon cinq ou six autres personnes, deux négociants musulmans qui jargonnaient assez le français pour se faire entendre et qui avaient l'air grave et posé de deux sénateurs romains ; leurs femmes étaient avec eux. Depuis quelques années les musulmans d'Égypte se familiarisent avec les chrétiens, que Bonaparte leur a appris à ne plus regarder comme des chiens, et leurs femmes jouissent de quelque liberté. Celles-ci portaient un grand manteau de soie noire qui les enveloppait de la tête aux pieds, et un voile blanc sur la tête. Quand les deux étrangers entrèrent, elles s'en couvrirent le visage ; les deux musulmans voulurent même se retirer, mais sur les instances que leur fit M. Dupré, ils se résignèrent à rester et se mêlèrent même à la conversation ; d'ailleurs les deux voyageurs ne tardèrent pas à aller goûter le repos qui leur était devenu nécessaire.

Dès le lendemain, pendant le déjeuner, M. Roland parla de son départ, et M. Dupré, après s'être efforcé en vain de retenir plus longtemps ses hôtes, leur demanda quelle route ils avaient l'intention de suivre.

« Nous avons l'intention, répondit le précepteur de Firmin, de retourner à Alexandrie, afin de remonter le Nil par sa rive gauche, de passer jusqu'aux cataractes et de redescendre par la rive droite.

— Mauvais calcul, Monsieur, s'écria M. Dupré. Le vent du sud souffle à présent presque tous les jours dans la vallée du Nil. Si vous remontez par la rive gauche, vous aurez ce vent en face, et il portera continuellement dans vos yeux une poussière très-fine qui vous aveuglera. En remontant par le côté opposé, vous serez garantis de ce vent par la chaîne arabique, qui presque partout est taillée à pic, comme un mur. Vous reviendrez par la chaîne libyque, et le vent vous incommodera beaucoup moins, parce que vous le laisserez derrière vous. — Mais nous avons nos effets chez M. Dubreuil, et quelques comptes à régler ensemble.—Tout cela n'est rien. Nous renvoyons vos guides ; je vous donnerai ici des hommes dont je suis sûr ; j'écrirai à Dubreuil ; il enverra vos équipages, et je règlerai pour lui avec vous. — Quel homme vous êtes ! impossible de se défendre, *et parere decet jussis*....

— Voilà qui est convenu, reprit M. Dupré en se levant de table ; j'ai d'ailleurs un service à vous demander. » Aussitôt, l'entraînant au jardin : « Quelquefois, lui dit-il, la fortune nous sert mieux que notre sagesse ; j'ai quelques affaires à terminer en France, et j'ai résolu d'y envoyer mon fils. Je lui ai promis d'ailleurs depuis bien longtemps de lui faire connaître le pays de son père. M'est-il permis d'espérer que vous voudrez bien vous charger de lui à l'époque de votre départ ? Puis-je espérer surtout que M. de Hauterive voudra lui accorder une hospitalité généreuse pendant le temps qu'il passera dans la capitale ?

— Pour ce qui me concerne, répondit M. Roland, je n'ai pas autre chose à vous dire, si ce n'est que je suis trop flatté de la marque de confiance que vous me donnez pour n'y pas répondre par l'offre de tout mon dévouement. Votre fils d'ailleurs me paraît heureusement né, et j'imagine que mon Firmin ne sera pas fâché d'avoir ce compagnon de voyage. Quant à M. de Hauterive, je vous réponds d'avance de son empressement à saisir l'occasion de reconnaître vos bontés pour nous ; mais puisque vous nous confiez votre fils pour l'emmener en France, pourquoi ne pas nous le confier dès aujourd'hui pour visiter avec nous l'Égypte ? Nos jeunes gens profiteront de ce temps pour s'attacher l'un à l'autre ; Firmin est élevé dans les principes les plus purs. Arrivé à l'âge où, pour beaucoup d'autres, la religion n'est qu'un joug incommode, il en accomplit tous les devoirs avec plaisir, parce que toutes ses passions ont été tournées vers le bien, et que par conséquent la religion ne les gêne point. Quant à votre fils, ce que j'ai vu chez vous me suffit pour être convaincu que nos jeunes gens n'auront rien à redouter l'un de l'autre.

— J'accepte votre proposition avec le plus grand plaisir, puisque vous voulez bien commencer immédiatement votre rôle de tuteur vis-à-vis de mon Edmond. »

La nouvelle de l'engagement qui venait d'être pris fut bientôt répandue dans la maison, et les deux nouveaux amis en furent enchantés.

Vers le milieu du jour, M. Dupré et son fils conduisirent leurs hôtes aux environs de Rosette, que les habitants appellent Raschid. On prétend que la mer se retire de Rosette, comme elle s'était retirée de Fouah, l'ancienne Métélis, qu'on voit sur la rive droite du Nil, un peu au-dessus de Rosette. Il est néanmoins peu probable que la mer se retire; il est à présumer seulement que des atterrissements se forment par le dépôt des limons que le fleuve charrie. Rosette avait profité de la décadence d'Alexandrie, et pris en peu de temps beaucoup d'accroissement; mais comme toutes les villes que les musulmans possèdent, elle déchoit de jour en jour. Les maisons y sont en général mieux disposées que dans Alexandrie, mais elles ne sont pas construites plus solidement. Les rues manquent d'air et de jour, parce que les divers étages de chaque maison sont presque partout construits en saillie les uns sur les autres, de sorte que le premier avance plus que le rez-de-chaussée, le second plus que le premier, le troisième plus que le second, tellement que les étages supérieurs de deux maisons qui se trouvent en face l'une de l'autre, finissent presque par se toucher.

La campagne est riche et variée; elle abonde en fruits excellents; de tout côté, l'œil se repose sur des orangers, des citronniers, des dattiers; on y trouve aussi le cassier, dont le silique, si précieux en médecine, passe pour supérieur à la casse d'Amérique. Le riz que produit le terrain de Rosette est si estimé, que l'exportation en est sévèrement défendue. Le lin y est aussi d'une très-belle qualité, mais on ne sait ni le préparer, ni le filer.

Il y a un peu plus de trois siècles qu'on construisit en avant de Rosette, vers le nord, deux forts destinés à garder l'entrée du fleuve. L'un de ces forts a été converti en mosquée. L'autre consiste en un ouvrage carré, flanqué de grosses tours et couronné de batteries; les remparts sont construits de débris d'anciens monuments égyptiens, car beaucoup de pierres sont couvertes d'hiéroglyphes. Les souterrains du château servent d'arsenal. La ville de Fouah a tout à fait perdu son ancienne importance; elle servait d'entrepôt au commerce intérieur; cet entrepôt est aujourd'hui dans Alexandrie même

Au-dessus de Fouah, s'élevait jadis la ville de Naucratis, fondée par une colonie de Milésiens sous le règne de Psammétique; ils avaient aidé ce prince à triompher des onze monarques ses collègues, et par reconnaissance il leur permit de s'établir en Égypte.

Les jours suivants furent employés, d'après l'avis de M. Dupré, à faire plusieurs excursions dans le Delta. On commença par visiter Saïs, ou pour mieux dire les misérables restes de cette ville, si fameuse autrefois par son temple d'Isis, que les Grecs convertirent plus tard en Minerve. Ce temple était remarquable par les proportions colossales de son portique, sur le fronton duquel on lisait cette inscription : *Je suis tout ce qui a été, tout ce qui est, tout ce qui sera; personne n'a pu jusqu'ici percer le voile qui m'enveloppe*. En face de cet édifice, on voyait une chapelle monolithe de vingt-et-une coudées de long sur quatorze de large, et huit de hauteur en dehors; la longueur intérieure était moindre de trois coudées, ce qui donne une coudée et demie pour l'épaisseur des murs. Ce bloc énorme avait été apporté d'Éléphantine. On dit que deux mille hommes y furent employés pendant trois ans consécutifs.

Tout en s'éloignant des ruines de Saïs, nos voyageurs s'entretenaient de l'inscription, du sens qu'elle avait et de la déesse pour qui elle avait été faite. « Je ne crois pas que cette inscription fût très-ancienne, dit M. Roland, car Hérodote, qui parle de la ville, des dynasties de Pharaons qu'elle a donnés à l'Égypte et du temple lui-même, ne dit pas un seul mot de l'inscription, ce qui semble prouver qu'elle est postérieure à l'époque où cet historien écrivait. Je pense, au surplus, qu'elle a été importée de l'Inde en Égypte par les prêtres qui s'étaient expatriés pour se soustraire aux fureurs de Cambise, et qui revinrent après sa mort. Les Hindous, en effet, ont dans leur empyrée une divinité qui représente la nature personnifiée, se nomme Isa ou Isaoura, et dit d'elle-même comme l'Isis égyptienne : *Je fus de toute éternité, je suis tout ce qui existe; je suis encore tout ce qui sera.*

« M. Champollion a reconnu les murs de circonvallation des trois Nécropolis de Saïs; ces trois Nécropolis supposent nécessairement que la population de cette ville fut autrefois très-considérable, et ce que l'histoire nous apprend des fêtes qu'on y célébrait prouve que ses habitants aimaient beaucoup la pompe dans les cérémonies du culte. Au reste, ce goût prononcé pour les fêtes religieuses, général autrefois en Égypte, s'est conservé chez les Égyptiens modernes, comme nous aurons probablement l'occasion de nous en convaincre. Les Grecs donnaient le nom de Lampadophories aux fêtes de Saïs. Elles avaient lieu la nuit, à la clarté d'un million de lampes, ce qui formait une brillante illumination.

« Ces fêtes avaient le même caractère que leurs institutions, tantôt tristes, austères et silencieuses, tantôt cruelles et dégénérant en querelles sanglantes, et souvent surpassant tout ce que les bacchanales grecques avaient de dégoûtant. Outre la fête d'Apis, qu'on chômait dans toute l'Égypte, les néoménies ou nouvelles lunes, les fêtes des solstices et des équinoxes, chaque nome ou province, chaque ville avait la sienne. Les Égyptiens, en général, étaient graves, sérieux et tristes; leurs princes durent s'attacher à leur procurer des fêtes, des spectacles ou des émotions vives qui les fissent sortir de leur apathie. Des fêtes sans excès, sans licence, n'auraient produit que fort peu d'effet; il fallait remuer toutes leurs passions au nom des dieux. Voilà pourquoi leurs fêtes, lorsqu'elles ne portaient pas l'empreinte d'une nature sauvage et féroce (comme celle de Paprimis, où le sang coulait dans des combats qu'on se livrait en l'honneur du dieu de la guerre), offraient des tableaux que le plus cynique pinceau ne voudrait point essayer de décrire. Canope, Bubaste, Memphis, Mendès surtout avaient acquis une triste célébrité par leurs fêtes hideuses.

« Les modernes habitants de l'Égypte diffèrent peu de leurs ancêtres; le fanatisme et la superstition paraissent être héréditaires dans cette contrée; peut-être le climat en favorise-t-il le développement, car on a observé que les étrangers qui s'y sont établis à diverses époques ont pris peu à peu les mœurs égyptiennes. Tout Égyptien, copte, Arabe ou Turc, porte au plus haut point son attachement pour la religion où il est né ; toutefois ce sentiment se modifie en lui, suivant qu'il est Turc, Arabe ou copte ; ce qui, chez celui-ci, n'est que superstition ou crédulité ridicule, dégénère chez les autres en intolérance et en fureur fanatique. Les santonières, petites chapelles érigées devant le tombeau d'un santon musulman, sont extrêmement fréquentées, même par les coptes, qu'on y voit accourir de la meilleure foi du monde. En revanche, on voit plus d'une fois les musulmans, dans les temps de calamités, comme lorsque la crue manque ou qu'elle est trop forte, entrer dans les églises des coptes et entendre dévotement la messe. Au surplus, le christianisme des coptes, par suite de cet échange d'absurdes superstitions entre eux et les mahométans, ne consiste plus qu'en quelques pratiques extérieures, et leur croyance n'est guère qu'un mélange grossier de doctrines empruntées à toutes les religions qui ont tour à tour dominé dans leur pays. Le vrai Dieu n'est pour eux qu'une idole à laquelle ils offrent leurs hommages comme ils l'offraient jadis à Osiris. Par exemple, ils confondent le baptême avec les oblations dont ils font un grand usage. Leur confession consiste dans la déclaration qu'ils ont commis des fautes, mais ils ne précisent rien; et le prêtre, qui, très-souvent par malheur, partage leur ignorance, les renvoie en disant à chacun : Que Dieu te pardonne! La seule chose sur laquelle les coptes sont très-scrupuleux, c'est l'observation du jeûne, toujours long et austère; les malades n'en sont pas dispensés.

« Tout ce que je dis là, continua M. Roland, en se tournant vers Edmond, est sans intérêt pour vous, car vous avez dû voir cent fois de vos yeux ce que je ne fais que raconter; il n'en est pas de même de votre ami pour qui tout ceci est nouveau. Ainsi, il apprend, lui, ce qu'il ignore, et vous ne serez peut-être pas fâché, vous-même, qu'on vous rappelle ce que déjà vous savez.

*Indocti discant; ament meminisse periti.* »

Edmond, à ces derniers mots, ouvrit de grands yeux; on lui parlait une langue inconnue; il aurait bien voulu savoir ce que cela signifiait; mais il n'osait le demander. Il fallait pour cela convenir de son ignorance, et c'est un aveu que les moins présomptueux ne font pas volontiers. Firmin s'aperçut bien de l'embarras d'Edmond, mais il ne voulut pas lui expliquer la citation du gouverneur, de peur d'affecter sur son ami un air de supériorité; intérieurement pourtant, et tout modeste qu'il était, il ne put se défendre d'un petit mouvement de vanité, moins il est vrai par un sentiment d'orgueil que parce que, sentant les avantages de l'instruction, il se félicitait en secret de l'avoir acquise. Lorsqu'ils furent de retour à Rosette, Edmond, qui joignait à beaucoup de vivacité une grande franchise, pria Firmin de le tirer à l'avenir de l'embarras où pourraient le jeter les citations de M. Roland. « Oh! dit Firmin en riant, il ne faut que bien peu d'attention pour saisir le sens de ses phrases latines ou anglaises, car c'est ordinairement de ces deux langues, de la première surtout, qu'il se sert pour citer; il explique toujours lui-même ce que la citation signifie, avant de la faire ou après l'avoir faite.

— Il me vient une idée, répliqua Edmond. Quand M. Roland parlera latin, je lui répondrai arabe, car tel que vous me voyez, outre la langue franque que tout le monde entend à Rosette, je sais un peu l'arabe.

— Ce sera le plus grand plaisir que vous puissiez lui faire; il le sait aussi, assez du moins pour se faire comprendre, et il est bien fâché, je vous assure, de ne pouvoir converser en arabe avec moi.

— A propos d'arabe, dit Edmond en l'interrompant, vous vous souvenez bien de ces deux musulmans que vous avez vus chez nous le jour où vous y êtes arrivés. Eh bien? la fille de l'un d'eux épouse demain un habitant de Rosette, copte d'origine, et, par conséquent, chrétien. Ce mariage a donné lieu à d'étranges controverses ; les uns soutiennent que ce mariage est une œuvre impie ; ce sont les musulmans zélés et beaucoup de coptes qui prétendent que cela porte coup à la religion. Les autres, au contraire, s'appuient sur l'exemple de la France et de l'Allemagne, où il n'est pas rare de voir le mariage d'un protestant avec une femme catholique, ou d'un catholique avec une femme protestante.

— Ah! si M. Roland vous entendait, s'écria Firmin, quelle sortie il ferait contre ces mariages mixtes ; il prouve qu'ils affaiblissent nécessairement dans la famille l'esprit religieux, et qu'ils dénotent dans les contractants une coupable indifférence pour la religion qu'ils professent ou dans laquelle ils sont nés. Pour moi, il me semble que je ne pourrais pas aimer une femme qui aurait d'autres croyances que les miennes.

— Ce qu'il y a de singulier, reprit Edmond, c'est que les deux pères voulaient que les cérémonies eussent lieu, l'un à l'usage des musulmans, l'autre suivant le rite copte. Le mariage a été sur le point de se rompre ; enfin on est convenu que les époux se rendraient d'abord à la mosquée, ensuite à la chapelle des coptes, et qu'ils y recevraient successivement la bénédiction de l'iman et du prêtre. Si vous voulez avoir une idée des mœurs égyptiennes, l'occasion est belle : nous sommes invités comme amis des deux familles, et vous viendrez avec nous. Que pareille chose fût arrivée il y a trente ans, et tout l'islamisme aurait crié au scandale. Aujourd'hui on s'y est accoutumé; Méhémet-Ali favorise, autant qu'il le peut, ce mélange des deux populations de l'Égypte, afin d'opérer la fusion de tous les intérêts et de créer à leur place un seul intérêt national. Les étrangers mêmes y ont gagné; leurs rapports avec les naturels sont devenus beaucoup plus faciles, et les musulmans ne montrent plus aucune répugnance à se lier avec les Européens, avec les Français surtout. Beaucoup de gens se souviennent encore de l'expédition de Bonaparte, et le souvenir qu'ils en conservent n'est nullement hostile. »

## CHAPITRE V.

Mariage d'un copte et d'une musulmane. — Fêtes. — Almés. — Un Psylle.

Vers les onze heures et demie du soir, les deux voyageurs, accompagnés de M. Dupré et de son fils, se rendirent dans la maison du copte Neckos, qui se prétendait issu en ligne droite du Pharaon Néchao II, fils de Psammétique, et mort vers l'an 594 avant Jésus-Christ. Former une prétention de ce genre, c'était chose facile; il l'était moins de la fonder sur des preuves. Un autre que Neckos se fût trouvé embarrassé, mais Neckos, qui n'était pas le moins ignorant de tous les coptes modernes, avait réussi à se faire une généalogie qui, en dépit de toutes les chronologies et de tous les documents historiques, plaçait Néchao parmi ses ancêtres.

A minuit précis, tous les parents, amis et conviés de l'époux, se rendirent dans la maison où demeurait la fiancée; portant les uns des torches allumées; tenant les autres, de la main gauche, une planchette d'ébène, sur laquelle ils frappaient de petits coups avec un marteau de bois. M. Roland avoua qu'il avait souvent cherché et demandé l'explication de cet usage, et qu'il n'avait jamais pu l'obtenir de personne; qu'il se souvenait seulement d'avoir lu, dans quelque auteur arabe, que les Arabes d'Espagne avaient une coutume à peu près semblable. Le cortége arriva au son de ces harmonieux instruments chez le père de la future. On y trouva un grand nombre de musulmans, Arabes, Turcs ou Maures, tous vêtus de leurs plus beaux habits; des joueurs d'instruments un peu moins durs à l'oreille que les planchettes d'ébène, des danseurs, des almés, et des jongleurs ou faiseurs de tours.

Quand les Mahométans remarquèrent, parmi les conviés du futur époux, les deux voyageurs qu'à leurs vêtements on reconnut pour Européens, il y eut presque une émeute dans la salle. Quelques vieux musulmans, qui n'aimaient pas trop les innovations introduites dans les mœurs par Méhémet-Ali, se récrièrent assez vivement contre le scandaleux spectacle qui leur était donné. Averti par un murmure sourd qui ne paraissait pas de très-bon augure, le père de la fiancée accourut auprès des mécontents; il leur fit entendre que ces deux étrangers étaient amis de M. Dupré, qui, par son commerce immense, avait des relations fréquentes et multipliées avec tous les négociants et producteurs du Delta d'un côté, et avec Méhémet-Ali de l'autre; mais ces considérations auraient été impuissantes pour retenir les récalcitrants, qui paraissaient disposés à se retirer si le patron ne se fût à la fin écrié d'un ton un peu brusque : « Partez, si vous voulez, mais je ne chasserai point de chez moi ces deux Français. — Ils sont Français! répliqua le vieux Mohammed; c'est différent. Je les prenais pour Anglais; mais ils sont Français, et Mohammed honore, aime et respecte les compatriotes du sultan juste. Dans Fayoûm, il m'a sauvé la vie, il a garanti ma maison du pillage, il a protégé mes femmes et ma famille contre la fureur des soldats : honneur à la mémoire du sultan juste! Dites à ces Français que Mohammed est leur ami. » Mais quand le patron eut ajouté que l'un d'eux avait été de l'expédition de Bonaparte, autant Mohammed avait montré d'éloignement pour les deux étrangers, autant il montra de désir de se rapprocher d'eux, de celui du moins avec lequel il pourrait s'entretenir de l'homme dont le souvenir lui était si cher.

Le patron était allé prévenir M. Roland de ce qui venait de se passer, et M. Roland, qui croyait avoir quelque raison de se rappeler Mohammed de Fayoûm, se porta sans affectation vers le lieu où se trouvait le vieux musulman, dans lequel il croyait reconnaître un chef mamlouk qui avait opposé au général Desaix une vive résistance, quand celui-ci s'était avancé vers Fayoûm. Lorsqu'il le vit de près, à sa barbe blanche qui descendait sur sa poitrine et qui annonçait une grande vieillesse, et en réfléchissant que cet homme pouvait avoir au moment de l'expédition une quarantaine d'années, il jugea que ce chef mamlouk de quarante ans et le vieillard octogénaire qu'il voyait devant lui pouvaient bien n'être que le même personnage; ses soupçons ne tardèrent pas à se changer en certitude. Au bout de peu d'instants, ils se trouvèrent l'un auprès de l'autre, et bientôt la conversation s'engagea; on se souvient que M. Roland parlait un peu l'arabe; Mohammed de son côté avait retenu quelques mots français.

« Quoi ! vous faisiez partie de cette armée d'orient qui a exécuté tant de prodiges en Égypte? — Oui; je suivais le général Desaix, qui m'avait attaché.... — Le sultan juste? ah! loué soit Allah! mais pardon; je vous ai interrompu. — Le général Desaix m'avait attaché à son état-major et à sa personne; je l'ai accompagné dans toutes ses expéditions; j'ai parcouru avec lui le Saïd et le Delta; le même vaisseau nous a ramenés en France. — Vous étiez donc près de lui lorsque, avec son corps d'armée, il se présenta devant Fayoûm ? — Oui certes, et cet événement m'a laissé des souvenirs qui n'ont pu s'effacer, malgré le temps qui s'est écoulé, et je ne crois pas qu'ils s'effacent tant qu'il me restera un jour de vie. Je reçus dans Fayoûm une blessure très-grave, mais c'était en remplissant un devoir.

— Ah ! je vous en prie, racontez-moi cette affaire..... J'y prends peut-être plus d'intérêt que vous ne pensez.

—Tandis que le général en chef créait au Caire des institutions qui, si elles eussent eu quelque durée, auraient fait de cette ville la première ville de l'Afrique et de l'Asie, Desaix, avec un corps d'environ quatre mille hommes et cinq cents chevaux, partait pour subjuguer toutes les villes du Saïd sur les deux rives du Nil. Parvenu à peu de distance de Fayoûm, il manqua de tomber dans une embuscade habilement dressée par un chef de Mamlouks qui résidait dans cette ville, dont les beys lui avaient donné le commandement. Desaix ne pouvait éviter l'embuscade puisqu'elle était sur sa route, mais elle ne le surprit nullement. Il n'avait pas moins de prudence que de courage et d'habileté. Il n'y en eut pas moins un combat sanglant. Les Français à la fin l'emportèrent, mais les Mamlouks s'étaient battus en gens de cœur ; leur chef surtout déploya beaucoup de valeur et d'audace, je dirai même beaucoup de talent. J'étais à côté de Desaix. « Roland, me dit le général, voyez-vous ce Mamlouk qui a l'air de commander aux autres? ce sang-froid avec lequel il donne des ordres, sa présence là où le danger est plus grand, ses efforts pour rallier ses Mamlouks que nos feux de peloton ont mis en désordre? Ah! que je voudrais gagner cet homme à la France! Il pourrait, émule de Mourad-bey, devenir comme lui un utile auxiliaire de l'armée française. Partez; allez dire au chef du corps de réserve de gagner cette hauteur, qui est sur sa droite; s'il peut y arriver promptement, le Mamlouk n'aura point de retraite, et il sera contraint de se rendre : surtout qu'on respecte ses jours. » Le Mamlouk avait l'œil à tout; il aperçut la marche de ce corps, et probablement il devina le dessein du général; car il battit sur-le-champ en retraite et se retira sur Fayoûm. Il fut poursuivi de si près par notre cavalerie, que celle-ci entra dans la ville presqu'en même temps que lui. Ses soldats, découragés, ne tentèrent pas même de résister, et les habitants se présentèrent sans armes, pour dire qu'ils se livraient à discrétion. Cependant une cinquantaine de Mamlouks fidèles et courageux se rallièrent autour de leur chef, et parurent décidés à défendre l'entrée de sa maison. Quand nos soldats passèrent dans la rue où elle était située, les Mamlouks tirèrent sur eux, en tuèrent deux ou trois et en blessèrent un plus grand nombre. Cette attaque inattendue rendit nos soldats furieux; ils se précipitèrent dans la maison; presque tous les Mamlouks furent massacrés sans pitié. Desaix entrait alors dans Fayoûm; il avait entendu les coups de feu, il se dirigea vers le lieu d'où ils étaient partis. Un soldat lui apprit ce qui s'était passé; il ajouta qu'on voulait livrer la maison au pillage, y mettre ensuite le feu et faire périr dans les flammes le chef mamlouk et toute sa famille. « Courez, Roland, me dit le général, arrêter le désordre : je vous suis de près. » Je mis aussitôt mon cheval au galop, et en trois minutes j'arrivai à la maison. Les soldats étaient si animés, que beaucoup d'entre eux refusèrent d'obéir à l'ordre que j'apportais; et il est probable que mes efforts auraient été impuissants, si le général n'était arrivé peu de temps après moi; à sa voix respectée, la fureur des mutins se calma. Cependant quelques cris confus qui se faisaient entendre au fond de la maison, dans l'appartement des femmes, attirèrent mon attention; et comme les cris redoublaient, je courus du côté où je les entendais. Oh! je n'oublierai jamais le spectacle qui s'offrit à mes regards indignés : une jeune fille tout éplorée, les vêtements en désordre, se débattait entre deux soldats qui cherchaient à l'entraîner; l'effroi, la douleur arrachaient à cette infortunée des cris déchirants. « Misérables, m'écriai-je, ah! si Desaix vous voyait! Laissez à l'instant cette fille, ou craignez la colère du général. » L'un d'eux baissa la tête, et s'éloigna en murmurant; l'autre insista; alors je m'avançai sur lui pour le forcer à lâcher prise, et je fus obligé de le menacer de mon épée. Je me baissai pour relever la jeune fille, qui était tombée sans connaissance; au même instant je me sentis frappé par derrière d'un coup violent, et je vis mon sang couler abondamment. Le lâche qui m'avait blessé fut traduit à un conseil de guerre et condamné à passer par les armes. Il prétendit en se défendant qu'il avait voulu tuer la jeune fille; cette excuse ne fut pas admise, et, quoique j'eusse intercédé vivement auprès du général, il subit sa peine. Quant à moi....

— Je sais tout ce qui vous arriva. Votre blessure vous tint deux mois au lit; le Mamlouk tâcha de vous payer par ses soins tout ce que vous aviez fait pour lui; et quand vous le quittâtes pour aller rejoindre le général, il vous offrit la main de sa fille et une somme d'argent; car c'était sa fille, sa bien-aimée Kéthira, que vous aviez soustraite à la brutalité de ces soldats. Mais vous repoussâtes noblement l'offre de l'argent, et vous refusâtes de prendre Kéthira pour épouse, parce que votre religion, dites-vous, vous le défendait.

— Eh! comment pouvez-vous savoir toutes ces

circonstances? répliqua M. Roland en feignant une grande surprise.

— Faut-il donc vous dire que je suis Mohammed, le père de Kéthira, l'esclave du sultan juste. Eh bien! que mes bras ouverts pour vous recevoir vous l'apprennent. » A ces mots le vieillard serra tendrement contre son sein l'honnête Roland, qui, de son côté, ne pouvait se défendre d'une vive émotion. Mohammed lui apprit que Kéthira était morte sept ou huit ans après le départ de l'armée française. « J'ajouterai, continua-t-il, qu'elle est morte chrétienne. J'avais une esclave espagnole qui lui avait fait goûter les principes de sa religion. J'en fus prévenu par une autre de mes filles, mais je ne voulus pas contrarier Kéthira, dont la santé, de jour en jour plus faible, me faisait craindre une mort prématurée. Je pensais d'ailleurs que le Dieu du libérateur de ma fille et du sultan juste, car c'est ainsi que nous avons toujours nommé Desaix, était le vrai Dieu, le seul Dieu qu'il faut adorer, le même que notre Allah. »

M. Roland ne pouvait pas entrer avec Mohammed dans une discussion théologique; il se contenta de répondre de la manière la plus affectueuse aux caresses du vieillard, ce qui surprit étrangement tous les musulmans venus avec lui à la fête. Il fallut que Mohammed leur expliquât tout ce qu'il devait de reconnaissance à l'étranger.

Pendant que cela se passait entre Mohammed et l'ancien officier de Desaix, Firmin, témoin d'une scène d'un autre genre, se livrait, avec toute l'ardeur de son âge, aux plaisirs tout nouveaux que lui offrait la fête. Le père de la fiancée, de race arabe, avait soumis son gendre futur à un usage de l'Arabie, lequel oblige l'époux à conquérir son épouse et à triompher d'une feinte résistance qui semble indiquer la répugnance qu'elle éprouve à se séparer de sa famille. Au fond d'un jardin attenant à la maison s'élevait un petit pavillon isolé dans lequel on ne pouvait s'introduire que par une porte unique, placée au haut d'un escalier de dix à douze marches. La fiancée, couverte d'un long voile, était dans ce pavillon. Trente ou quarante jeunes filles, ses amies, aussi couvertes de voiles, et armées de bâtons longs de deux pieds et de la grosseur du pouce se tenaient sur les degrés de l'escalier, dont elles devaient défendre l'accès au moyen de leurs bâtons, dont il leur était permis de se servir sans ménagement. Le fiancé fut introduit dans le jardin avec ses amis, et quand il fut arrivé devant le pavillon, son futur beau-père lui dit : « C'est là qu'est votre épouse, allez la chercher et amenez-la si vous pouvez. Vos amis peuvent vous porter secours. » Cette entreprise peut d'abord sembler très-facile ; mais elle l'était au fond beaucoup moins qu'elle ne le paraissait, car le futur et ses amis devaient emporter le pavillon d'assaut, sans qu'il leur fût permis de porter aucun coup à l'ennemi, et de parer autrement qu'avec les mains ceux qu'on leur porterait à eux-mêmes; il leur était pareillement défendu de désarmer cette troupe de femmes, c'est-à-dire de s'emparer de leurs bâtons, et malheureusement elles semblaient très-décidées à user largement de leurs avantages; on pouvait même présumer, à leurs cris de joie et d'impatience, qu'elles brûlaient d'en venir aux mains.

Les amis du fiancé s'étaient divisés en deux bandes; les uns devaient l'aider à forcer le passage, les autres éclairaient la scène en promenant leurs flambeaux allumés autour des acteurs. Les premiers s'avancèrent en bon ordre, et après avoir reçu plus d'un vigoureux coup de bâton, ils parvinrent à saisir leurs adversaires par les bras, et à les forcer à l'immobilité, de sorte que le fiancé put monter librement l'escalier, entrer dans le pavillon, prendre sa fiancée par la main, et l'emmener sans obstacle. Quand il descendit l'escalier avec sa future, toutes les femmes se mirent à pousser des cris de douleur, qui bientôt devinrent des hurlements. Firmin ne savait ce que signifiaient ces cris; il imagina cependant qu'elles jouaient le désespoir pour n'avoir pu défendre leur compagne, et c'était la vérité; car aussitôt que les deux époux furent arrivés au milieu du jardin où leurs parents les attendaient, les hurlements cessèrent.

Cependant les fiancés et leur cortége d'hommes et de femmes se rendirent dans la grande salle où les chants et les danses allaient commencer. Firmin avait entendu parler très-souvent des almés égyptiennes, improvisatrices danseuses et musiciennes; aussi s'empressa-t-il de prendre sa place dans le cercle qui se formait autour de celles qui devaient embellir la fête par leurs exercices.

Elles étaient au nombre de douze ou quinze, toutes extrêmement jeunes, mais toutes au teint flétri, aux yeux ternes, aux traits vieillis prématurément par l'inconduite et l'intempérance; car aux mœurs les plus dissolues elles joignent la passion des liqueurs fortes; les musulmans ne l'ignorent pas; ils méprisent ces femmes opprobre de leur sexe; mais l'usage est un tyran dont ils n'osent pas secouer le joug. Il est de règle que les almés assistent à toutes les fêtes de naissance, de mariage et d'enterrement; et leurs chants sont analogues au genre de la fête. Quant au mérite de l'improvisation, Firmin n'en eut pas une grande idée. Elle consista dans une vingtaine de mots qui signifiaient, à ce qu'apprit Firmin de son ami: *que la rosée du ciel tombe sur les deux époux!* Ces mêmes mots, répétés pendant un temps infini et chantés à l'unisson sur un air à trois notes, *ut*, *re*, *mi*, *ut*, *re*, *mi*, *ut*, etc., et ainsi de suite, avec cette seule modification que la tierce était alternativement majeure et mineure, et un accompagnement continu de cornemuse et de tambourin, voilà l'improvisation et le chant mélodieux de ces almés si renommées, de ces cygnes de l'Égypte. La danse répondit aux chants et causa un nouveau désappointement au jeune Européen.

Cependant M. Roland n'oubliait pas son pupille, et, malgré tout le plaisir qu'il avait à converser avec Mohammed, il avait un air inquiet que le vieux Mamlouk remarqua. Il lui en demanda la cause, et non-seulement Mohammed l'approuva, mais il le pressa même de se rapprocher de la fête, lui demandant toutefois de l'accompagner, afin de ne pas se priver du plaisir de le voir.

Ils arrivèrent auprès de Firmin, au moment où les almés achevaient de psalmodier leur improvisation et mettaient fin à leurs danses. Ce fut un jongleur, venu récemment de l'Inde, à ce qu'il prétendait (1), qui prit la place que les almés laissaient vacante. Il exécuta plusieurs tours d'adresse; mais ce qui étonna le plus Firmin, ce fut de voir ce même homme enfoncer son

(1) L'Indoustan fournit de jongleurs toutes les villes de l'Orient. Ils passent pour très-adroits.

bras nu dans un grand panier plein de vipères et en retirer un de ces dangereux reptiles, de l'espèce des cérastes; il le mania, le tourmenta, le mit sur sa tête, sur son cou, dans son sein, et il ne fut ni piqué ni mordu, tandis qu'une poule vivante qu'il plaça auprès du serpent, ayant été piquée, mourut au bout d'une minute.

Cet homme se vantait d'être d'une famille en qui la vertu de manier impunément les serpents était héréditaire. Il est certain, dit le lendemain M. Roland à ses deux élèves (Edmond ne se séparait plus de Firmin), qu'on voyait jadis en Égypte un grand nombre d'individus qui avaient l'art, réel ou prétendu, de *charmer* les serpents et les autres animaux venimeux, de guérir les personnes mordues et de manier sans danger les reptiles. Il fallait bien que ce fait eût été observé par les Hébreux pendant leur séjour en Égypte, puisque cinq cents ans après, le roi-prophète, dans le psaume 38, compare les méchants à un *serpent sourd qui n'entend pas la voix des enchanteurs*. Comme ces individus soutenaient que la faculté dont ils étaient doués formait un privilége de caste, ils avaient grand soin de ne s'allier qu'entre eux, de crainte de perdre cette faculté précieuse. Plutarque, Dion, Cassius, Aulu-Gelle, Pline, Lucain et beaucoup d'autres écrivains attribuent la même vertu à des peuples de la Libye, les Psylles, voisins des Nasamons. Ceux-ci leur firent une guerre cruelle et ils les exterminèrent presque tous; quelques-uns survécurent au désastre de leur nation et se sauvèrent en Égypte et en Éthiopie. C'est d'eux que sont sortis, suivant Pline, les Psylles modernes qui guérissent, par le simple attouchement, de la morsure des vipères, ce qui n'est pas mieux avéré que l'infaillibilité prétendue du remède que les anciens prêtres de l'Égypte employaient contre l'éléphantiasis. Plutarque n'admet point cette transmission héréditaire de la faculté de charmer les serpents. Il croit que les Psylles de son temps usaient d'enchantements et de sortiléges. Pline soutient fort l'opinion contraire; seulement il croit que cette vertu des Psylles ne passait ni à leurs femmes ni à leurs filles.

Des écrivains modernes ont traité de fables tout ce qui s'était dit avant eux au sujet des Psylles; mais il est difficile d'expliquer comment la tradition d'un tel fait a pu s'établir et se conserver depuis vingt-cinq ou trente siècles, si l'expérience ne l'a point confirmé. Macrisy rapporte qu'il y avait à Kous, sous le règne de Mohammed-Benkélaoun, une vieille femme qui charmait les scorpions et qui les envoyait piquer la personne qu'elle désignait. Le gouverneur de la ville, voulant mettre la science de cette femme à l'épreuve, et l'ayant défiée d'envoyer contre lui son scorpion, eut beaucoup de peine à se défendre de cet insecte, qui le poursuivit avec la plus grande constance. Macrisy ajoute que le gouverneur étant allé s'asseoir au centre d'un bassin rempli d'eau, le scorpion monta tout le long du mur, gagna le plafond et se dirigea vers le lieu qui correspondait au milieu du bassin. Le gouverneur comprit que l'insecte allait se laisser tomber sur lui. Il quitta aussitôt la place, et donna l'ordre d'écraser le scorpion et de faire mourir la vieille femme; ce qui fut exécuté. Macrisy rapporte deux autres faits où il s'agit de serpents, et dans l'un desquels il a été lui-même témoin et acteur.

Il est plus que probable que les modernes Psylles (les Arabes les désignent par le nom de *Hasvy*, les coptes, par celui de *Shaphof*) ont quelque procédé au moyen duquel ils énervent les serpents ou neutralisent leur venin. Le docteur Hasselquist, voulant faire une collection de serpents, fit venir chez lui une femme qui était Psylle. Elle prenait les vipères avec ses mains nues, et elle les mettait dans des bouteilles, sans éprouver aucun accident. Hasselquist demeura convaincu que cette femme avait un secret; mais il ne put le lui arracher. Bruce prétend que certains nègres du Sennaar ont la même vertu que les Psylles. Quand un de ces nègres saisit une vipère, l'animal perd tout d'un coup toute sa vivacité, il devient languissant, il ferme les yeux et cherche à s'éloigner de la main qui le tient. Le même voyageur prétend qu'on lui avait donné une recette qui consistait à mâcher certaines herbes ou à se laver avec une décoction des mêmes plantes; il fut même sur le point de s'en servir; mais, comme les Arabes qui avaient préparé les herbes l'avaient prévenu que le secret ne réussirait peut-être pas avec lui, *parce qu'il était chrétien*, il craignit qu'on ne profitât de l'occasion de le faire piquer et peut-être périr.

Ludolf, dans son histoire de l'Éthiopie, parle d'une plante qu'il nomme *assazoé*, laquelle a la propriété merveilleuse de neutraliser toute sorte de venin. Il suffit de mâcher quelques feuilles d'assazoé pour pouvoir manier impunément les reptiles les plus venimeux. Le géographe Édrisy parle d'un arbuste d'Afrique dont le bois est noirâtre et raboteux; il le nomme bois de serpent; il suffit, dit-il, d'en tenir un morceau dans la main pour mettre en fuite les serpents de toute espèce.

Revenons aux fêtes de la noce. Le Psylle fut remplacé par les almés, qui donnèrent un second acte de leur danse et de leur chant, chose dont la plupart des assistants se seraient bien passés. Vers les trois heures du matin, les époux et tout leur cortége se rendirent à la mosquée. M. Roland, Firmin, MM. Dupré père et fils, s'abstinrent d'y entrer de crainte de provoquer le zèle de quelque musulman, prompt à se scandaliser; le vieux Mohammed approuva leur réserve, mais il demeura auprès d'eux et les fit placer de manière à ce qu'ils pussent voir ce qui se passait dans l'intérieur; cela se réduisit au reste à quelques prières. Il n'en fut pas de même dans l'église copte, où les cérémonies se prolongèrent jusqu'à huit heures du matin.

L'époux fut d'abord introduit dans le chœur; la fiancée resta auprès des femmes qui l'accompagnaient; puis on entonna des chants auxquels succédaient, par intervalles, des prières qu'on récitait à voix basse. Ensuite le prêtre qui officiait s'approcha de l'époux, qu'il fit asseoir par terre, le visage tourné vers l'autel et une petite croix d'argent sur la tête. La fiancée se plaça alors sur un banc en dehors du chœur. Après quelques cérémonies, le prêtre revêtit l'époux d'une espèce de surplis, passa une ceinture autour de son corps et lui couvrit la tête d'un morceau d'étoffe blanche; il le conduisit ensuite vers sa future, auprès de laquelle il prit place. Dès qu'il fut assis, on les couvrit l'un et l'autre d'un drap blanc, qu'on serra autour de leurs têtes de manière qu'elles se touchassent. Pendant tout ce temps, le prêtre récita des prières, donna aux époux des bénédictions, fit sur leur front des onctions d'huile d'olive et leur déclara enfin, au bout de quatre ou cinq heures, qu'ils étaient mariés.

Lorsque ces cérémonies furent terminées, l'époux souleva enfin le voile qui jusque-là lui avait caché les traits de son épouse, et prit le chemin de sa propre maison, suivi ou accompagné de tout le cortége qu'il avait eu depuis la veille. Firmin ne se soucia pas d'en voir davantage, et il ne trouvait pas, dans le plaisir qu'il avait pu prendre, une suffisante compensation d'une nuit passée sans dormir.

Tout en se retirant, nos voyageurs et leurs hôtes s'entretinrent de la bizarrerie de ces mariages, que très-souvent un prompt divorce vient dissoudre; car il est permis aux coptes de répudier leurs femmes, pourvu qu'ils obtiennent la permission du patriarche, et le patriarche l'accorde, sans hésiter, sur le plus mince prétexte, parce que, s'il la refuse, les coptes s'en passent et ne se séparent pas moins. Les musulmans usent pareillement du divorce, et c'est le cadi qui le prononce après un délai de trois ou quatre mois qu'il détermine, et durant lequel la réconciliation peut avoir lieu. Le délai expiré, le cadi rompt le lien, la femme reprend sa dot et sa liberté. Si le divorce a lieu sur la demande de la femme, eût-elle les meilleures raisons, elle perd sa dot ou ses apports. Dans les mariages mixtes, c'est-à-dire entre coptes et musulmans, le divorce doit être accordé à la fois par le patriarche et le cadi.

Les enfants qui naissent de tous ces mariages sont faibles, valétudinaires et meurent en grand nombre par le rachitis. Ils sont presque tous d'un aspect hideux; ils ont l'œil creux, le teint hâve, le visage bouffi, le ventre gonflé d'obstructions, et la peau jaunâtre. On dirait qu'ils voient la mort qui va les saisir et qu'ils luttent péniblement contre elle. C'est à ces maladies du premier âge qu'il faut attribuer le peu de population de l'Égypte. Au reste, cette mortalité parmi les enfants doit peu surprendre, car on ne leur donne aucun soin, et on laisse le mal faire des progrès, sans se mettre en peine de le guérir. Il en est de même pour les maladies qui attaquent les hommes faits; non-seulement les Égyptiens ne prennent aucune précaution pour s'en garantir, mais encore ils ne veulent point faire de remèdes; ils n'ont de foi, coptes, Arabes ou Turcs, que dans les amulettes. C'est une coutume qui vient de loin; les anciens Égyptiens étaient tous pourvus d'amulettes; c'était le plus souvent des scarabées de verre ou de porcelaine. Sur ce point rien ne corrige leurs descendants. L'amulette n'a jamais tort : quand le malade succombe, c'est qu'il n'a pas observé toutes les conditions desquelles dépend l'efficacité du talisman.

---

## CHAPITRE VI.

Conditions des femmes. — Population ancienne et nombre des villes. — Population moderne.

Le lendemain, nos voyageurs ne sortirent pas de Rosette ; avant d'entreprendre l'excursion qu'il avait projetée dans le Delta, M. Roland avait voulu laisser à son pupille le temps d'oublier la mauvaise nuit de la veille. La journée ne fut pourtant pas perdue pour Firmin. On reçut des nouvelles des nouveaux mariés ; on dit que la jeune épouse, beaucoup plus libre dans sa nouvelle famille que dans celle d'où elle sortait, se trouvait extrêmement heureuse, ce qui donna lieu à M. Roland de parler de la condition des femmes en Égypte, et, par contre-coup, des divers éléments dont se compose la population actuelle de ce pays, après avoir fait mention de la prodigieuse population ancienne, d'après Hérodote, Diodore et plusieurs autres, qui n'étaient eux-mêmes que les échos des prêtres égyptiens.

« Les femmes, dit le gouverneur de Firmin, ont toujours été malheureuses en Égypte, quoi qu'en aient dit divers écrivains de l'antiquité, parce qu'elles y furent toujours esclaves; si quelques-unes ont joui d'une liberté illimitée, cela ne peut s'entendre que des femmes du peuple ou de celles qui, comme les almés, n'appartiennent à aucune classe. Un Égyptien, dit Diodore mieux instruit à cet égard que ses devanciers, pouvait épouser plusieurs femmes; la monogamie n'existait que pour la classe sacerdotale; or la faculté d'avoir plusieurs femmes est toujours le résultat nécessaire de leur esclavage. Quant aux enfants, quelle que fût leur mère, libre ou esclave, ils suivaient toujours la condition du père; les Égyptiens se montraient sur ce point plus sages que les Romains.

Les femmes étaient déclarées par la loi incapables de régner et d'entrer dans la classe sacerdotale. Le Syncelle parle d'un prince qu'il nomme Binotris et qui fit cesser l'incapacité des femmes; mais Hérodote dit formellement qu'on n'a jamais vu sur le trône qu'une seule femme, la reine Nitocris. Encore ajoute-t-il qu'elle était étrangère, ce qui peut faire penser que son règne ne fut qu'une usurpation. Il n'y a eu de reines en Égypte qu'après que les Lagides eurent substitué leur gouvernement à celui des Pharaons; mais à cette époque même les femmes n'étaient pas admises dans le sacerdoce. Il était presque impossible que, dans l'état d'asservissement où on les tenait, elles pussent acquérir l'instruction nécessaire pour exercer les fonctions de la prêtrise; car il fallait posséder le dialecte sacré, les livres d'Hermès, l'écriture symbolique, la morale, la physique et l'astronomie. En supposant même qu'elles eussent pu orner leur esprit de toutes ces connaissances, il est douteux que les prêtres eussent voulu les initier à une doctrine qui paraissait d'autant plus profonde qu'elle s'entourait de mystère, et qui ne se garantissait de l'invasion des doctrines étrangères que par le secret inviolable que tous juraient de garder. Et les Égyptiens, à ce qu'il paraît, ne comptaient pas beaucoup sur la discrétion de leurs femmes, car ils les traitaient en esclaves, et dans un esclave, ce qu'il y a de pire, ainsi que Juvénal l'a dit, c'est la langue : *Nam lingua mali pars pessima servi.*

Les Grecs, à la vérité, prétendaient que l'oracle de Dodone dans la Therprotie, petite province de la Thessalie ou plutôt de l'Épire, avait été fondé par une prêtresse de Thèbes; mais il paraît, d'après le récit d'Hérodote, que cette prêtresse n'était qu'une Égyptienne que des marchands phéniciens avaient enlevée et vendue en Grèce. Il est probable que cette femme appartenait à la classe sacerdotale, et qu'elle était femme ou fille d'un prêtre, mais elle n'était point prêtresse. Toutes les fonctions des femmes dans les temples se bornaient au soin de nourrir les scarabées, les musaraignes et les petits animaux sacrés; car pour le bœuf Apis, il ne leur était permis de le voir qu'une seule fois: c'était dans les premiers jours de son installation au temple de Memphis; mais en aucun temps elles n'entraient dans le temple de Jupiter-Ammon.

« Plutarque prétend que l'usage des chaussures était interdit aux Égyptiennes, dans un pays dont le sol, presque toujours brûlant, se compose de sable et de cailloux (telle est l'Égypte pendant sept ou huit mois de l'année). C'était les condamner à une retraite forcée. Mais bientôt les Égyptiens, craignant de voir leurs femmes braver l'inconvénient de marcher sur des cailloux, leur firent entendre que de paraître en public les pieds nus, c'était violer toutes les lois de la modestie et de la pudeur. Le calife fatimite Hakem, qui voulut faire revivre la religion des Druses, renouvela plus tard la défense aux femmes d'avoir des chaussures; il défendit même, sous peine de mort, de faire des souliers pour les femmes. La prohibition ne fut levée que par ses successeurs.

« C'est probablement par un reste de cet

usage, que les Égyptiennes aisées marchent très-peu aujourd'hui; que dans leurs maisons elles ne portent que des chaussons légers et très-découverts, et que même elles les quittent souvent. Quant à ce qu'Hérodote rapporte des maris qui restent chez eux occupés à travailler, tandis que leurs femmes vaquent aux affaires du dehors, cela ne doit s'entendre que de certains artisans que leur métier force d'être sédentaires. C'est en prenant le passage d'Hérodote dans un sens trop étendu que Montesquieu a dit que les Égyptiens accordaient à leurs femmes le gouvernement de leurs maisons. Cet écrivain a fait sortir un principe général d'un fait particulier.

« De nos jours, les femmes n'ont ni plus de liberté ni plus de bonheur qu'autrefois. Il n'y a d'exception qu'en faveur de celles qui ont beaucoup d'enfants; elles sont chargées de les élever, elles se mêlent même de l'administration du ménage, mais elles ne font point société avec leurs maris, qui n'ont pas cessé de les regarder comme esclaves. Il leur est permis pourtant quelquefois d'aller visiter leurs amies, et ces visites durent deux ou trois jours, durant lesquels l'entrée du harem est interdite au maître même de la maison. Elles ont encore la liberté de se réunir entre elles au bain, et elles ne perdent jamais l'occasion de s'y rendre. C'est même là que se concertent les mariages des musulmans. Celle qui a un fils ou un frère garçon et qui veut le marier, lui dépeint toutes les jeunes personnes qu'elle a vues, et si, sur le portrait qu'elle lui en fait, quelqu'une paraît lui convenir, elle se rend chez les parents et leur propose le mariage. Le plus souvent les parties se mettent d'accord.

« Les bains publics sont pour les musulmanes des lieux de plaisir, parce qu'elles peuvent sans contrainte s'y livrer au besoin que des femmes toujours enfermées doivent avoir de rire, causer et folâtrer. J'ai lu, dans Macrisy, que le calife Hakem, de qui je vous ai déjà parlé, passant un jour devant une maison de bains, à l'heure destinée aux femmes, choqué de les entendre caqueter, fit venir sur-le-champ des maçons auxquels il donna l'ordre de murer toutes les portes; il fallut faire sortir par le toit les pauvres prisonnières. Ce même calife fit publier des défenses expresses à toutes les femmes de sortir de leur maison sous quelque prétexte que ce fût, et il enjoignit à ses agents de tuer sans pitié toutes celles qu'ils rencontreraient dans les rues. Comme les artisans de toute espèce se plaignirent, si leurs femmes ne pouvaient aller faire les provisions et acheter les denrées nécessaires, d'être obligés de les remplacer eux-mêmes, ce qui leur ferait perdre la moitié de leur journée, le calife ordonna que les marchands de comestibles iraient criant dans les rues; et comme il leur était néanmoins défendu de franchir le seuil de la porte des maisons où ils seraient appelés, et que les femmes ne pouvaient franchir elles-mêmes le seuil de la porte intérieure, éloignée de dix ou douze pieds de celle de la rue, le calife ordonna que chaque marchand fût porteur d'une pelle à long manche, comme les pelles à four; et c'était par le moyen de cette pelle que le marchand envoyait sa denrée et qu'il en recevait le prix.

« Les femmes des Coptes ont toujours eu plus de liberté que celles des Arabes et des Turcs; l'introduction du christianisme en Égypte les a favorisées. Toutefois les musulmanes ont vu leur sort s'améliorer depuis l'expédition française, et Méhémet-Ali, qui voudrait adoucir les mœurs de ses sujets, les excite à imiter à cet égard les usages de la société européenne. Il les pousse même à l'affranchissement de leurs esclaves ou tout au moins à ce qu'ils leur rendent la servitude plus supportable. Au fond, les esclaves ne sont pas très-malheureux aujourd'hui. Outre que les musulmans en général ne regardent pas l'esclavage comme un déshonneur, il arrive assez souvent qu'ils les font entrer dans leur propre famille.

« Les esclaves, en général, aiment mieux appartenir aux musulmans qu'aux chrétiens et aux Juifs, car ils sont moins maltraités. Les chrétiens ne peuvent avoir pour esclaves que des noirs; encore leur est-il défendu de les emmener hors de l'Égypte. Ces noirs se paient de deux à cinq cents francs; les esclaves blancs sont infiniment plus chers; c'était parmi eux que se recrutaient les Mamlouks. Un bey (1) faisait consister sa grandeur à acheter des blancs; qu'il poussait aux honneurs et aux emplois; et il était rare que ces esclaves, quelle que fût leur fortune, oubliassent leur origine; ils regardaient toujours leur ancien maître comme leur patron; et plus le nombre de ces affranchis était grand, plus le crédit de leur patron augmentait. L'expédition française diminua beaucoup, si elle ne la détruisit pas complétement, la puissance des Mamlouks, et Méhémet-Ali ne leur a point permis de la recouvrer. Les Mamlouks étaient les janissaires de l'Égypte, et ils ne pouvaient exister concurremment avec le pouvoir qui s'élevait et qui tendait à centraliser l'administration dont les beys avaient fait une espèce de république.

— Il faut convenir, dit Firmin, que ce Méhémet-Ali a fait et continue de faire de grandes choses. Que ne devrait-on pas attendre de lui si la Providence lui accordait encore quelques années de vie, s'il avait sous ses ordres une population

(1) Avant que Méhémet-Ali se fût emparé du pouvoir, le gouvernement était entre les mains du pacha turc et de vingt-quatre beys ou gouverneurs de provinces. Ces beys devenaient d'ordinaire extrêmement puissants, et le pacha, qui était d'ailleurs changé tous les trois ans, n'avait guère qu'un pouvoir nominal.

plus nombreuse, et que cette population ne se composât pas de trop d'éléments divers !

— Votre observation est très juste, répliqua M. Roland ; je lui voudrais seulement les sept millions d'habitants que Diodore, Josèphe et Eusèbe donnaient à l'Égypte.

— Vous croyez donc que ce nombre est bien diminué.

— Oh ! certainement ; et ce ne serait pas, je crois, s'éloigner beaucoup de la vérité que de le fixer à trois millions au plus. Diodore se fonda sur un dénombrement qui avait été fait sous les derniers Pharaons ; Josèphe parle pour le temps de Vespasien ; Eusèbe, pour le quatrième siècle de l'ère chrétienne. Ce dernier élève même d'un huitième le nombre adopté par Josèphe. Mais les villes populeuses de l'Égypte, Thèbes, Memphis, Héliopolis et tant d'autres ne sont plus, et leurs populations ont disparu avec elles. Alexandrie, qui, au moment de l'invasion des Romains, renfermait un million d'habitants, en a tout au plus vingt ou vingt-cinq mille. D'un autre côté, sans qu'il soit besoin de recourir aux contes arabes ou aux récits fabuleux des anciens sur la fertilité prodigieuse des terres et les qualités fécondantes des eaux du fleuve, ce qui aurait bien changé aujourd'hui, il suffit de savoir que, cinq cents ans avant l'ère vulgaire, l'invasion de Cambyse répandit la désolation dans le pays ; que l'invasion romaine, et plus tard les guerres religieuses, l'occupation des Vandales et leur expulsion, la conquête des Arabes, les émigrations continuelles qui se firent en Espagne, les changements fréquents de dynastie, les guerres des Mamlouks, et enfin l'administration des Osmanlis ont contribué successivement à la dépopulation de l'Égypte. Il n'est donc pas étonnant que la population de sept millions, qui existait sous les Pharaons et les Ptolémées, se trouve réduite à moins de la moitié.

« C'est principalement de la domination ottomane que l'Égypte a souffert. En prohibant l'exportation des grains, en accablant le peuple d'impôts, les Turcs ont découragé les cultivateurs, qui ne se sont plus mis en peine de demander au sol des grains et des denrées excédant leurs besoins; mais au fond et lors même que toutes les terres de l'Égypte seraient en culture, elles pourraient difficilement suffire à nourrir un très-grand nombre d'habitants. D'Anville a trouvé par des calculs très-exacts que l'Égypte n'a pas plus de deux mille cent lieues carrées de terres productives. Ce n'est pas un huitième de la France, déduction faite des landes, des bruyères, des forêts qui occupent la moitié de son territoire. Encore de ces deux mille cent lieues faut-il déduire le lit du fleuve, les champs de coton et de lin d'où les Égyptiens tiraient la matière de leurs habits, et l'emplacement des villes, des villages et des bourgades. — Surtout, dit Firm.n, s. l'Égypte possédait les vingt mille villes de Diodore de Sicile. — Ajoutez, ou les trente-trois mille du poëte Théocrite. Que pouvait-il donc rester de terres productives? Quinze ou dix-huit cents lieues carrées, tout au plus; mais il ne serait pas possible que cette quantité de terres pût nourrir un nombre d'habitants supérieur aux sept millions de ce même Diodore, qui n'a pas songé, en rapportant le conte des vingt mille villes, qu'il devait supposer, en comptant seulement mille habitants par ville, une population totale de vingt millions. Eh bien! nous avons des écrivains modernes qui vont bien plus loin que tous les anciens et même que les auteurs arabes : ils font monter la population à vingt-sept et même, à certaines époques, à quarante millions.

« Quant au nombre des villes, ajouta M. Roland, je me contenterai de dire que Ptolémée-le-Géographe, qui probablement connaissait l'Égypte, n'en nomme qu'un assez petit nombre; qu'on ne saurait croire que le premier Ptolémée ait fondé trois cents villes du premier ordre, puisqu'il est bien avéré qu'il ne put peupler Alexandrie qu'en y transportant les habitants de Memphis, qui elle-même ne s'était peuplée qu'aux dépens de Thèbes, comme dans les temps modernes le Caire ne s'est peuplé qu'aux dépens d'Alexandrie; ce qui prouve, ce semble, qu'à aucune époque la population de l'Égypte n'a été assez considérable pour fournir à la fois à celle de deux grandes villes. Au reste, s'il est vrai que Diodore a répété, d'après Hérodote, que sous ses Pharaons l'Égypte avait vingt mille villes, il a ajouté que sous Ptolémée-Lagus il n'y en avait plus que trois mille; encore faut-il comprendre sous ce nom de ville les villages et les hameaux. Nous devons convenir que sur quelques manuscrits de Diodore on lit trente au lieu de trois, mais c'est évidemment une erreur, puisque, après avoir parlé de sept millions d'habitants sous les Pharaons, il dit immédiatement que ce nombre se trouvait réduit à trois millions sous les Lagides. Or il serait plus qu'étrange que, dans un petit pays tel que l'Égypte, le nombre des villes augmentât de moitié quand la population diminue dans une proportion encore plus forte.

— Je crois bien, dit Firmin, que les choses ont dû se passer comme vous le dites; car l'Égypte a reçu tant de peuples divers qui se sont peu mêlés avec les indigènes, et ceux-ci ont toujours été si maltraités, que la population a dû s'en ressentir et diminuer.

— *A word to the wise,* répliqua M. Roland; à bon entendeur, demi-mot; et vous avez prévenu ma pensée. A l'exception des Hébreux et peut-être aussi des Hicsos ou rois pasteurs, tous les peuples qui sont venus en Égypte et l'ont tour à tour subjuguée, ne l'ont que trop traitée en pays conquis !

— Vous parlez des Hébreux, et l'on ne peut douter que Jacob et ses enfants ne se soient établis en Égypte. Mais comment concilier ce fait avec cet autre que nous avons lu dans plusieurs auteurs, que les Égyptiens égorgeaient sans pitié tous les étrangers qui arrivaient chez eux, même contre leur gré, comme ceux qui naufrageaient sur leurs côtes, ce qui avait lieu en haine de Typhon, meurtrier d'Osiris.

— Je ne dirai pas précisément que cette coutume n'a point existé, mais je crois d'abord qu'elle n'a pu exister que dans les âges extrêmement reculés et avant que les premiers principes de la civilisation eussent lui sur l'Égypte. Combien d'Européens n'ont-ils point péri dans les îles de la mer du Sud, en Afrique, en Amérique, victimes de la brutale férocité des sauvages! En second lieu, je pense que, lorsque les Hébreux ou pour mieux dire Jacob et sa famille sont arrivés en Égypte, la coutume n'existait plus depuis longtemps, puisque les livres saints nous apprennent qu'avant Jacob, son aïeul Abraham s'était rendu en Égypte, et que ce fut en Égypte que les marchands, à qui Joseph fut vendu par ses frères, le conduisirent pour le revendre.

« Ce qui paraît certain, c'est que les Égyptiens

et les Hébreux ne se mêlèrent point par des alliances, et que ces derniers furent même obligés, au rapport de quelques historiens, de se cantonner vers Avaris, l'ancienne Séthron ou ville de Typhon, alors au pouvoir des rois pasteurs, qui avaient conquis la partie orientale du Delta. On dit que postérieurement il y avait une tribu arabe établie à Coptos, laquelle trafiquait avec les Arabes de *Petra*, ville de l'Arabie Pétrée ou des Nabathéens, qui plus tard se sont confondus avec les Sarracènes ou Sarrasins. On prétend aussi qu'un quartier de Memphis était habité par des Phéniciens. Après Psammétique, le nombre des étrangers, des Grecs surtout, augmenta considérablement en Égypte.

J'ai eu déjà, je crois, l'occasion de vous dire que vers le temps de ce prince, c'est-à-dire le septième siècle avant Jésus-Christ, la nation égyptienne était divisée en douze tribus, qui avaient chacune un chef particulier, et que ces douze chefs, au nombre desquels était Psammétique lui-même, étaient probablement les douze *nomarques*, ou gouverneurs de *nomes* ou provinces. Vous savez qu'après la mort de Séthron, ces nomarques s'emparèrent de l'autorité souveraine et la divisèrent entre eux ; vous savez encore que Psammétique, aidé par les Cariens et les Ioniens, fit la guerre à ses onze collègues et qu'il resta seul maître du pouvoir. Pour les payer de leurs services, il leur donna des terres vers les bouches du Nil et leur permit d'y construire des villes. Plus tard ces étrangers inspirèrent au prince tant de confiance, qu'il leur confia la garde de sa personne et de ses places fortes ; ce qui excita à un si haut point le mécontentement et la jalousie de la caste militaire, que les *Calasires* ou soldats s'expatrièrent et s'en allèrent en Éthiopie. Les Grecs se mirent en possession des biens des Calasires ; mais il n'y eut pas fusion des deux peuples.

« La domination des rois perses fut trop odieuse à l'Égypte pour que les deux races se confondissent. Toutefois les Perses y affluèrent, et il est à présumer que la nouvelle Babylone, dont nous verrons les ruines au-dessus du Caire, n'eut pour fondateurs et pour habitants que des Perses. Après la conquête d'Alexandre, les Grecs accoururent en Égypte, et ils s'y établirent d'autant plus volontiers qu'ils y trouvèrent plusieurs colonies grecques ; mais, quoique leur domination fût pour les Égyptiens beaucoup moins dure que celle des Perses, ils les trouvèrent peu disposés à s'allier avec eux. D'un autre côté, les Juifs, venus en foule sur les bords du Nil, soit pour se livrer au commerce et à l'usure, soit pour se soustraire aux persécutions qu'ils éprouvaient dans leur pays, formaient encore une race distincte qui, pas plus alors qu'aujourd'hui, ne se mêlait avec aucune autre. »

Ainsi l'Égypte, au temps où les Romains en firent la conquête, était habitée par plusieurs races d'hommes qui ne se ressemblaient ni par les traits, ni par la couleur, ni par la religion, ni par les habitudes. Les Perses y étaient les moins nombreux; ils se perdaient, pour ainsi dire, dans la foule; mais on reconnaissait les Arabes, à leur goût pour la vie indépendante et nomade; les Juifs, à ces traits que l'ineffaçable burin de la nature semble avoir gravés sur leur front; les indigènes, à leur air grave, mélancolique et triste; les Grecs, aux manières qui, chez tous les peuples, indiquent des vainqueurs et des maîtres. Les Romains furent peu tentés de quitter les délices de l'Italie pour le sol brûlant de l'Égypte, mais ils y accumulèrent les Juifs. Après la ruine de Jérusalem, ils y en transplantèrent des troupes nombreuses, afin de paralyser cet esprit de révolte qui les rendait trop difficiles à gouverner dans leur propre pays. Quand la division de l'empire eut placé l'Égypte dans le lot des souverains de Byzance, elle reçut des colonies nouvelles; mais les Grecs de Constantinople ne ressemblaient nullement aux Grecs d'Alexandre et de Ptolémée. C'étaient d'autres hommes avec d'autres mœurs, d'autres penchants et une autre religion. Ces nouveaux venus s'introduisirent par des mariages dans les familles égyptiennes, et de ces unions mal assorties sortit une race abâtardie, qui joignait à l'indolence grossière des Coptes la perfidie et la mauvaise foi grecque, comme si elle provenait de deux sources impures.

« Du reste, cette dégradation ne pouvait s'éviter. On a observé que tout ce qui est étranger à l'Égypte, les hommes comme les animaux et les plantes, y dégénère très-promptement. Cet effet du climat était si connu, que le fameux Salah-Eddin, contemplant un jour la ville du Caire du haut de la citadelle qu'il faisait construire, se tourna vers son frère et lui dit : « Tout ce que nous voyons là deviendra un jour le partage de tes enfants. Les miens sont nés en Égypte où la race humaine dégénère fort vite. » L'événement justifia cette prédiction.

— J'ai peine à concevoir, dit Firmin, ce que vous nous dites là. Les Égyptiens et leurs prêtres ne passaient-ils pas jadis pour les plus instruits de tous les hommes? L'Égypte ne produisait-elle pas les meilleurs grains? ses fruits n'étaient-ils pas d'un goût exquis? son lin, son coton n'étaient-ils pas d'une qualité supérieure?

— Tout cela est vrai; aussi je ne vous ai point dit que cette loi de dégradation s'étendît à tout ce qui naissait sur le sol égyptien, mais seulement à ce qui provenait d'une origine étrangère. Ces prêtres dont vous parlez étaient indigènes; ces fruits, ces grains, ce lin, ce coton, venaient d'arbres, de semences, de graines propres à l'Égypte.

J'ai dit, et c'est un fait démontré par l'expérience, que tout ce qui n'est pas originaire de l'Égypte est sujet à cette influence du climat.

— Je ne dois pas être bien flatté de l'arrêt que vous prononcez, dit à son tour Edmond, car mon père est Français, et je suis né en Égypte.

— A cela, reprit M. Roland, j'ai beaucoup de choses à dire. Monsieur votre père est Français, et vous êtes né en Égypte, mais vous n'avez pas quitté Rosette, et le climat de Rosette et du Delta en général est différent de celui de la Haute-Égypte; la dégénération, du moins pour les hommes et les animaux, s'y fait beaucoup moins sentir; en second lieu, cette dégénération ne s'opère que par degrés; au premier degré, elle est presque nulle; ensuite, pour ce qui concerne les hommes et les animaux, l'éducation et les soins peuvent tellement modifier cette œuvre de la nature que l'effet en devient insensible.

« Il est d'ailleurs une observation essentielle à faire. Si les hommes qui naissent en Égypte de parents étrangers sont exposés à dégénérer, il est probable que leurs descendants s'acclimatent, et qu'à la troisième ou quatrième génération, ils deviennent tout à fait Égyptiens. Dans ce cas, tout dépend de l'éducation. Si les Coptes sont aujourd'hui plongés dans une si grossière ignorance, c'est incontestablement parce qu'ils sont abandonnés à eux-mêmes dès leur naissance, et qu'ils ne reçoivent aucune instruction. Ils n'en sont pas moins les descendants de ces Égyptiens dont la sagesse avait passé en proverbe ; leurs traits, leur teint, leur maintien est le même, l'instruction seule y est de moins. Les Coptes sont, en effet, très-basanés, presque noirs, surtout dans la Haute-Égypte ; et il est bon de remarquer qu'il est très-probable que les premiers habitants de l'Égypte, venus de l'Éthiopie, étaient noirs. Leurs Osiris, leurs Isis étaient de cette couleur ; et partout, quand les hommes ont voulu représenter leurs dieux, ils les ont faits à leur propre image. Il n'est pas vraisemblable que les Égyptiens, s'ils eussent été blancs, se fussent donné des divinités noires. Vous verrez d'ailleurs chez tous les Coptes le front aplati, les cheveux demi-laineux, les yeux petits et relevés aux angles, le nez court, les joues proéminentes, la bouche grande et plate avec de grosses lèvres ; peu ou point de barbe, les jambes arquées, les pieds allongés, la démarche lourde et sans grâce.

« Les Coptes sont peu nombreux dans le Delta ; mais dans le Saïd, on en voit des peuplades entières. Leur religion est le christianisme, si toutefois il est permis de donner le nom de chrétiens à des hommes qui, aux erreurs de Nestor et d'Eutychès, mêlent beaucoup de pratiques du paganisme, chargées en passant de superstitions musulmanes. Les Coptes détestent les Grecs, parce que les ancêtres de ces derniers suivaient les doctrines de Chalcédoine, qui avait condamné les erreurs des Nestoriens et des Jacobites. Au temps de la conquête des Arabes, il y avait encore, dit-on, six cent mille Coptes payant l'impôt. Ce nombre est réduit de sept huitièmes, et peut-être plus encore. Cette dépopulation, commencée par les persécutions de Dioclétien, continuée par les guerres religieuses du quatrième et du cinquième siècle, accélérée par l'invasion des Arabes, a été consommée sous la domination des Turcs. Par l'effet des persécutions, dont l'époque a servi de point de départ à l'ère de Dioclétien ou des martyrs (294 de Jésus-Christ), beaucoup de Coptes périrent, mais il en périt plus encore pendant les guerres de l'arianisme. Macrisy prétend (mais les Arabes sont exagérateurs) que deux cent mille Coptes furent massacrés dans la seule ville d'Alexandrie par ordre de Justinien. Ces persécutions amenèrent une cause nouvelle de dépopulation. Ceux qui évitaient le fer des bourreaux se sauvèrent dans les déserts de la Libye ou de la Thébaïde, où ils embrassèrent la vie d'anachorètes. Ils y remplaçaient les Juifs, que les persécutions de Cléopâtre avaient contraints de fuir et de se cacher. Philon prétend que, dans ces retraites forcées, les Juifs s'étaient occupés de commenter la Bible.

« Les Coptes modernes savent à peine lire et

écrire. Depuis longtemps, ils n'entendent plus leur langue originale, même dans l'état d'altération qu'elle avait subie par l'introduction d'une foule de mots grecs et latins. Ils parlent aujourd'hui l'arabe vulgaire. Les Turcs et les Arabes les méprisent, et ils les tiennent dans une étroite dépendance. Quelques-uns, sous le nom de Fellah, se livrent à la culture des terres, et ils vivent dans un état très-voisin de la servitude.

« Les Coptes ont au Caire un patriarche qui prend le titre d'Alexandrie; ils persévèrent avec la plus grande opiniâtreté dans leurs croyances religieuses, bonnes ou mauvaises. Cette opiniâtreté vient moins de conviction que de leur grossière ignorance; ils comprennent si peu les objets de leur foi, qu'ils mêlent sans cesse à leur culte des cérémonies païennes et mahométanes. Ainsi ils retiennent de leurs ancêtres leur vénération pour le Nil et les ablutions des eaux du fleuve par immersion totale ou par aspersion. Ils vont avec les musulmans déposer leurs offrandes sur les tombeaux des Santons, pour la guérison de leurs maladies ou le succès de leurs entreprises; ils immolent, comme leurs ancêtres, des victimes expiatoires; aux funérailles de leurs parents, ils ont ou louent des *pleureuses,* qui, la tête couverte de poussière, la figure barbouillée, la main armée de cistres ou tambourins, et les cheveux épars, poussent d'affreux hurlements, en invoquant pour le défunt la miséricorde d'Allah.

« On trouve encore des Grecs en Égypte, continua M. Roland; ils descendent tous de ceux qui s'y établirent sous le Bas-Empire. Ils ont l'œil vif, les traits fins, de belles proportions, beaucoup de mobilité dans la physionomie. On les dit rusés et fripons. Ils sont en petit nombre, et on n'en voit guère que dans le Delta, principalement dans les places maritimes. Ils ont dans Alexandrie un patriarche, qu'on leur envoie de Constantinople. Les Juifs, au nombre de trente-cinq ou quarante mille, disséminés sur toute l'Égypte, sont extrêmement méprisés par les Coptes et même par les musulmans. Là comme partout, ils sont avares et usuriers. Les Juifs d'Égypte ont conservé plus que partout ailleurs la physionomie nationale.

« Les Arabes, beaucoup plus nombreux que les Coptes, cultivent la terre ou gardent les troupeaux. Ils ont la physionomie très-expressive, la bouche et les lèvres petites, les dents belles, la barbe courte à mèches pointues, les membres agiles, les bras nerveux. Ils se divisent en trois classes, les pasteurs, les cultivateurs et les Bédouins. Les pasteurs descendent pour la plupart des compagnons d'armes d'Amrou-ben-al-As. Ils sont plus grands, en général, que les autres Arabes, et portent sur le front le cachet de leur origine; mais quand ils épousent des Égyptiennes, les traits nationaux s'effacent dans leurs enfants. La classe des cultivateurs se compose presque en entier d'Africains occidentaux ou de Maures sortis de la Libye. Ils habitent presque tous dans le Saïd, où ils sont gouvernés par leurs propres chefs (*scheiks*). Les Arabes les regardent comme étrangers à leur caste, quoiqu'ils aient tous une souche commune. Ils sont tous agriculteurs ou artisans. Plus corrompus que les pasteurs, ils offrent plus de variété dans les traits; aussi devient-il souvent difficile de reconnaître en eux des Arabes. Les Bédouins ou hommes du désert forment la troisième classe; ils se distinguent des autres, même des pasteurs, par une expression âpre et sauvage d'orgueil répandue sur leur figure. Ils habitent dans les cavernes et les lieux solitaires, au milieu des sables et des rochers, où ils ne se réunissent guère que par familles. Ceux qui forment des tribus passent leur vie sous les tentes. Avant Méhémet-Ali, les Bédouins ne vivaient que de pillage; ils ne connaissaient ni amis ni ennemis. Quiconque s'aventurait dans le Saïd s'exposait à être assailli et volé, à moins qu'il n'eût pris la précaution de se faire escorter par des Bédouins mêmes; car dans ce cas, il pouvait voyager impunément au milieu de leurs hordes. Aujourd'hui les Bédouins sont si bien contenus par la crainte des châtiments, qu'un Européen peut parcourir seul et sans danger tout le pays soumis à Méhémet-Ali.

« Les tribus bédouines ne paraissent guère en

Égypte qu'après la retraite des eaux; elles s'en retournent au printemps; les simples familles ne voyagent pas, elles cultivent la terre comme les Fellahs. Un moulin à blé et à café, deux bouilloires, une plaque de fer pour cuire les galettes, deux ou trois sacs de grains, quatre ou cinq outres pleines d'eau, la tente qui la couvre quand elle campe, et qui sert de lit ou de manteau quand elle voyage : voilà tout le mobilier, toute la richesse d'une famille de Bédouins. Les tribus nomades ont de plus des chameaux et des chevaux. Ces Arabes professent l'islamisme, mais ils ne sont guère mahométans que de nom. Leurs mœurs sont fort relâchées, et s'ils sont tolérants, c'est plus par indifférence que par vertu.

« Tous les Arabes d'Égypte sont musulmans, mais ils ont conservé beaucoup de pratiques de la religion de leurs pères. J'ai vu à Chandavagêh, lorsque j'accompagnais le général Desaix, un grand arbre qui jouissait dans le canton d'une vénération poussée jusqu'à l'idolâtrie. Cet arbre était si vieux, qu'il n'avait plus qu'une branche sur laquelle il poussât des feuilles; toutes les autres branches étaient mortes, et à mesure que leurs débris tombaient sur le sol, on les laissait se consumer. Les Arabes étaient persuadés qu'un génie bienfaisant habitait dans le tronc de l'arbre, et ils lui offraient des sacrifices. Des soldats français, ignorant que l'arbre fût sacré, ou méprisant la superstitieuse croyance des Arabes, coupèrent quelques branches sèches pour faire du feu, ce qui manqua d'occasionner une émeute dans le village. Toutes les branches étaient chargées de touffes de cheveux, de dents, de sacs de cuir, de banderoles et d'autres objets.

« Les habitations des Arabes cultivateurs ne consistent qu'en une enceinte de terre recouverte de paille, ou de terre pétrie avec de la paille hachée. Une tour ronde ou carrée s'élève au milieu de la cabane; c'est le pigeonnier et le poulailler. Le côté gauche de la cabane est l'appartement des femmes; les chiens ont une loge pratiquée sur le toit; ce sont les gardiens de l'habitation. Le mobilier de la cabane se compose de quelques *bardaques* ou jarres à mettre de l'eau, de *ballasses* ou pots d'une terre poreuse, où l'eau se rafraîchit, surtout si le pot est exposé à un courant d'eau, et de plats de terre servant de vaisselle.

« On désigne par le nom d'*Atounis* tous les Arabes qui habitent entre Suez et Kosséir. Les Ababdêhs s'étendent depuis Kosséir jusqu'à la Nubie. Ceux-ci sont presque nus; ils oignent leurs cheveux de graisse; ils sont noirs, mais leurs traits ne ressemblent nullement à ceux des nègres. La lance, le sabre recourbé, un bouclier de cuir sont leurs armes offensives et défensives. Un peu de farine et de beurre suffit à leur nourriture. Les Ababdêhs n'ont ni maisons ni tentes; leur vie errante se traîne dans les montagnes de la Thébaïde. A la suite des Ababdêhs, vers le sud, on trouve les Agazis, qui paraissent être les mêmes que les Bedjâhs de Macrisy. Le géographe arabe les place dans le désert du Haut-Saïd, entre le Nil, depuis Kous jusqu'à la mer Rouge, vers Souakem.

« Tous ces peuples, qu'on croit être les descendants des Troglodites de Strabon et de Ptolémée, sont nomades et campent sous des tentes; ils ont des dromadaires, des chameaux, des bœufs et des troupeaux de moutons. Ils sont très-agiles, légers à la course, de couleur jaunâtre. Ils excellent à dresser les chameaux. On les dit hospitaliers, mais d'humeur belliqueuse. Ils étaient gouvernés par des scheiks indépendants, ce qui rendait leur voisinage très-dangereux pour les habitants du Saïd; le pacha les a subjugués, et ils reconnaissent sans contestation son autorité.

« On donne le nom de Berberâhs, ou Bérébères, à des Nubiens qui sont établis en Égypte dans les environs des cataractes. La couleur de leur peau est d'un noir luisant et foncé; leurs yeux sont brillants mais enfoncés, leurs sourcils épais; ils ont le nez pointu, la bouche évasée, les lèvres moyennes; leur physionomie, de même que celle des Ababdêhs, diffère beaucoup de celle des nègres; on voit qu'ils appartiennent à une autre race d'hommes.

« Je n'ai plus qu'à vous parler des Mamlouks, et vous aurez une idée assez exacte de tous les habitants de l'Égypte. Les Mamlouks, qui ont donné à ce pays deux races de souverains, n'ont commencé d'y paraître que sous le règne d'Almalek-Alsalch Nojmoddin, de la dynastie ayoabite. Ce prince acheta mille enfants turcs à des marchands syriens, qui les avaient eux-mêmes achetés aux Tartares. Almalek les plaça dans un château qu'il fit construire, et il leur donna le nom de Bahrites. Quant au nom de Mamalic ou Mamlouk, il servait à désigner leur origine, ce mot signifiant, esclave acheté à prix d'argent. Les Bahrites, fidèles à leur maître, furent comblés de biens et d'honneurs; ils se distinguèrent surtout à la guerre par leur bravoure, et ne contribuèrent pas peu à ruiner les affaires des croisés; ce qui augmenta leur puissance et leur crédit, au point qu'ils se donnèrent des sultans, comme autrefois la garde prétorienne se donna des empereurs.

« Longtemps après, le sultan Kelaoun acheta un grand nombre d'esclaves circassiens auxquels il fit prendre le nom de Borjites; les Borjites firent comme les Bahrites; après avoir acquis de grandes richesses, ils s'emparèrent de la couronne, qu'ils conservèrent jusqu'à la conquête de l'Égypte, par l'empereur Sélim. Celui-ci les laissa en possession de leurs biens et de leurs prérogatives, de sorte qu'ils continuèrent d'être les véritables dominateurs du pays, quoique subordonnés aux pachas, qu'on leur envoyait tous les trois ans de Constantinople. A l'époque de l'expédition française, l'autorité du pacha était nulle; les Mamlouks Ibrahim et Mourad s'étaient partagé le pouvoir. Méhémet-Ali, envoyé par le grand-seigneur, est parvenu à réduire les Mamlouks; mais infidèle à son maître et absous de son infidélité par la fortune, c'est pour lui et ses descendants qu'il a rétabli l'ordre, ramené tous les Égyptiens à l'obéissance, et reconstruit, en quelque sorte, le trône que le glaive de Sélim avait brisé.

« Le vêtement des Mamlouks, au temps de leur puissance, consistait en une large tunique de toile de coton jaune, d'un tissu assez clair, et en une robe (*antari*) de toile des Indes ou d'étoffe d'Alep ou de Dâmas, croisant par-devant à la hauteur de la ceinture. Par-dessus l'antari, on mettait le *caftan*, large robe de soie; et sur le caftan, le djouba, robe de drap à manches courtes arrivant au coude. Quelquefois on remplaçait le djouba par une pelisse; un long manteau formait le complément du costume pour la partie supérieure du corps. Toute la portion de vêtements qui tombait au-dessous de la ceinture était reçue dans un pantalon d'une ampleur prodigieuse. Des bottines de cuir jaune et des pantoufles sans quartier servaient de chaussure aux Mamlouks.

« L'équipage du cheval se composait d'une selle

qui avait les arçons très-hauts ; le défaut de croupière la rejetait sur les épaules de l'animal. Une plaque de cuivre à angles aigus servait d'étrier et d'éperon. La bride, très-mal construite, brisait les barres du cheval, qui en peu de temps devenait insensible au frein. Les armes du cavalier consistaient en une carabine, des pistolets et un sabre à lame recourbée. Les Mamlouks maniaient cette dernière arme avec beaucoup d'adresse, surtout lorsqu'ils frappaient de revers et de bas en haut. Au surplus ils n'avaient ni discipline, ni subordination, ni tactique. Ils aimaient le faste et la parure. Quant à leur religion, on peut dire qu'ils n'en avaient point ; élevés presque tous dans le rit grec, ils devenaient mauvais musulmans, n'aimant de l'islamisme que sa tolérance pour les passions.

« Etrangers les uns aux autres, les Mamlouks n'avaient aucune vertu sociale. A très-peu d'exceptions près, un dur égoïsme, poussé jusqu'à la cruauté pour les autres, s'unissait en eux à la superstition et à l'ignorance, à des mœurs corrompues, à une humeur inquiète, farouche et turbulente.

« Les Turcs, qui ont renversé l'empire des Mamlouks, sont aujourd'hui en très-petit nombre en Égypte ; on n'en voit guère qu'au Caire. Ce sont d'assez beaux hommes, mais leurs formes sont mal dessinées, et leurs yeux manquent d'expression. Ils aiment la longue barbe, qui leur donne un air sombre et austère. Leur démarche est lourde et lente. Ils prennent la pesanteur pour la majesté. »

Dès que M. Roland eut cessé de parler, Firmin, qui l'avait écouté avec attention, prit la parole pour lui demander de nouveaux détails sur les mœurs et les usages des Égyptiens, tant ceux des Coptes et des possesseurs actuels de l'Égypte, que ceux des anciens habitants de cette contrée célèbre.

« Mon ami, répondit M. Roland, je pressentais la demande que vous venez de me faire ; mais attendons pour cela que nous soyons au Caire, où, dans le mouvement de cette population de trois cent mille âmes qui se pressent dans son enceinte, vous pourrez voir de vos yeux ce que je ne pourrais peut-être que vous mal dépeindre. Laissez-moi donc me conformer au précepte de Plaute, qui nous dit que c'est une vertu de chercher à faire les choses quand l'occasion le demande, c'est-à-dire en temps opportun. *Virtus est ubi occasio admonet, dispicere.* » Firmin ne put s'empêcher de sourire : il trouvait que depuis longtemps M. Roland n'avait pas cité.

---

## CHAPITRE VII.

Le Delta. — Damiette. — Mansourah. — Mensaleh. — Tanis et Tennis. — Bubaste. — Héliopolis et Matarieh.

M. Roland avait eu d'abord l'intention de remonter le Nil par sa rive gauche ; M. Dupré l'avait déterminé à prendre d'abord la rive droite, afin de revenir par la chaîne libyque ; mais la rencontre du Mamlouk Mohammed l'avait ramené à son premier plan, tant son ancienne connaissance l'avait pressé de se rendre à Fayoûm, où, disait-il, il ferait préparer d'avance tout ce qui lui serait nécessaire pour faire son voyage avec sûreté, commodité et agrément. M. Roland céda d'autant plus aisément, que ce changement, approuvé d'ailleurs par M. Dupré, s'accordait avec ses premières idées ; et l'homme le moins attaché à son opinion, on le sait, n'est jamais fâché de la voir adopter par les autres; seulement il fut convenu qu'on mettrait à profit les jours qui restaient du mois de décembre pour visiter toutes les villes du Delta. Dès le lendemain, nos trois voyageurs prirent la route de Damiette.

« Nous voici, dit M. Roland, après deux ou trois heures de marche, dans le plus beau pays de l'Égypte et notamment du Delta, entre les deux principales branches du Nil. Vous voyez devant vous et autour de vous un pays plat sans montagnes, coupé en tous sens de canaux qui répandent la fertilité sur leurs rives; cette végétation si active, qui dans le court espace de quatre mois doit produire trois récoltes, est un vrai prodige qui tous les ans se renouvelle. Quelles délicieuses campagnes, quels jardins d'Armide ne ferait-on pas en France, en Angleterre avec ce terrain, ce climat et ce fleuve! Au reste, il n'en est pas de même dans le Delta extérieur, c'est-à-dire au delà des deux branches du Nil, à l'orient et à l'occident; car des deux côtés l'Égypte est gardée par des déserts.

— Je conçois maintenant, dit Firmin, ce que vous m'avez un jour expliqué : comment il a pu se faire que le Delta ait été produit par le dépôt successif des limons du Nil et la retraite des eaux de la mer.

— Ah! s'écria Edmond, c'est une plaisanterie que vous voulez me faire. Quoi, ce pays sur lequel je vois tant de villes modernes et tant de ruines de villes anciennes, ce pays aurait été couvert autrefois par les eaux de la mer !

— Je crois, répliqua M. Roland, qu'on n'en saurait douter, quand on compare tous les témoignages. L'ancienne Heptanomides, c'est-à-dire le Vostani ou moyenne Égypte, offre de frappants vestiges du séjour de la mer; dans les vallées de la Thébaïde ou Saïd, on remarque, à la hauteur de plusieurs coudées, d'immenses lits de coquillages marins; ces coquillages forment aussi la base de plusieurs montagnes de la chaîne libyque; d'un autre côté, le Nil dépose tous les ans sur le sol qu'il inonde une couche épaisse de limon; son lit, vers ses embouchures, perd sensiblement de sa profondeur; les terres qu'il charrie, refoulées par les vagues, forment entre Rosette et Damiette des barres qui interceptent l'entrée du fleuve et le passage des navires : toutes ces considérations, réunies aux récits des anciens historiens, semblent prouver jusqu'à l'évidence que le sol, élevé progressivement par les terres que le fleuve dépose, a vu peu à peu les eaux de la mer se retirer.

« Hérodote dit formellement que le terrain de l'Égypte est un présent du Nil; la mer, suivant lui, s'étendait originairement jusqu'à Memphis. Il a vu des coquillages incrustés dans les rochers voisins de cette ville. Il a vu aussi, scellés aux murailles, des anneaux auxquels on amarrait les vaisseaux. Aristote s'expr me d'une manière non moins positive ; Homère assure que de son temps l'île de Pharos, que les Lagides joignirent au continent par une chaussée, était séparée de l'Égypte de tout l'intervalle qu'un vaisseau peut franchir en un jour. Les historiens arabes prétendent que les premiers Pharaons régnaient à Syène, dont la mer baignait les murailles ; ils ajoutent que la mer s'étant insensiblement retirée, les terrains qu'elle laissa découverts se chargèrent des limons du Nil, ce qui les fertilisa en les exhaussant. Or nous savons que les Arabes n'écrivaient guère l'histoire que sur les traditions locales, et parmi les traditions de l'Orient, l'une des plus répandues se rapporte à la retraite successive des eaux de la mer et à l'établissement des premières peuplades égyptiennes sur les hauteurs de la Thébaïde.

« Les Coptes ne doutent pas que le Delta ne fût un bas-fond, que les limons du Nil ont peu à peu comblé. Ils attribuent à Joseph le desséchement de cette contrée au moyen des canaux qu'il creusa et des digues par lesquelles il contint les eaux du fleuve. Les prêtres d'Héliopolis, malgré leurs prétentions à une antiquité sans limites, apprirent à Hérodote, qu'au temps du roi Mœris, tout le Delta était couvert par le Nil dès que la crue était de huit coudées ; et, comme à l'époque où l'historien grec se trouvait en Égypte la crue devait être de quinze coudées, il en conclut que, dans les neuf siècles qui s'étaient écoulés depuis le roi Mœris, le sol s'était élevé de sept coudées. L'existence de débris marins aux environs de l'ancienne Memphis est encore un fait avéré.

« Je pourrais ajouter beaucoup de preuves, beaucoup de raisonnements à ce que je ne fais qu'énoncer; mais ce n'est pas ici le lieu : *non erat hic locus*, et je n'oublie pas le précepte de Plaute; je me contente de dire que je regarde comme un point constant que l'Égypte, et principalement le Delta, ont été couverts par les eaux dans les premiers âges, et que le Nil profitant pour s'étendre de leur retraite progressive, en a exhaussé le sol par le dépôt périodique des sables et des terres qu'il entraîne dans les débordements. Maintenant occupons-nous de ce qui s'offre à nos regards. N'apercevez-vous pas, comme moi, les minarets de Damiette (*Damiath*)? » C'était vers cette ville en effet que nos voyageurs s'avançaient de toute la vitesse de leurs montures.

« Damiette passe pour la ville la plus grande, la plus riche, la plus commerçante et la plus populeuse de l'Égypte après le Caire, mais il est douteux que sa population excède vingt mille âmes, quoique des écrivains exagérateurs lui avaient donné trois ou quatre fois davantage; il est facile de voir au surplus que cette ville est bien déchue, et il est possible qu'au temps voisin des croisades elle ait eu autant d'habitants qu'on le suppose. Elle s'élève en forme de croissant sur la rive orientale du Nil, entre le fleuve et le lac Menzalech. Son port est toujours rempli de bâtiments de commerce. »

Firmin s'attendait à voir des fortifications, de hautes murailles, de vieilles tours ; car il avait lu qu'au temps de saint Louis, Damiette était une place forte.

« Votre étonnement cessera, lui dit M. Roland, quand je vous aurai dit que la Damiette actuelle n'est point celle des croisés. Celle-ci était d'abord à l'embouchure du Nil ; mais comme les croisés venaient toujours y débarquer, les Arabes la détruisirent de fond en comble dans le treizième siècle, et ils la rebâtirent deux lieues plus haut. Il n'est resté de l'ancienne Damiette qu'un vieux château flanqué de quatre grosses tours, sur le bord de la mer, et à moitié ruiné ; encore les Francs prétendent-ils qu'il fut bâti par saint Louis.

« Il se fait à Damiette un grand commerce en riz, en café, en toiles et en soieries du mont Liban. Son riz, le plus beau de l'Égypte, et peut-être du monde entier, fournit tous les ans la cargaison de quatre ou cinq cents bateaux. On l'expédiait autrefois à Constantinople; Méhémet-Ali s'est emparé du monopole de cette denrée. Le terroir de Damiette ne convient guère d'ailleurs qu'à des rizières, qui n'ont jamais trop d'eau. Le froid ne s'y fait jamais sentir, quoique l'hiver amène des pluies abondantes; le thermomètre n'y descend pas au-dessous de neuf degrés, et il n'y monte guère au-dessus de vingt-quatre, tandis qu'au Caire, qui n'est qu'à trente lieues de distance, les habitants se plaignent du froid quand le thermomètre descend au-dessous de vingt degrés. »

Après avoir vu les vastes magasins de riz de Méhémet-Ali, nos voyageurs visitèrent le village de Dabik, connu autrefois par ses manufactures de riches étoffes tissues d'or pour turbans et pour robes; et sur la foi de Macrisy, qui prétend que le minaret de la mosquée de Bursakh remue ou tremble quand on le secoue ou qu'on le pousse avec force, ils se rendirent au pied du minaret, mais ils eurent beau pousser, le minaret resta immobile. Macrisy, qui est pourtant un écrivain judicieux, quoique Arabe, s'est donc fait illusion lorsqu'il a cru voir l'ombre du minaret osciller en tous sens, suivant l'ébranlement qu'on lui donnait, ou bien depuis quelques siècles cette masse s'est consolidée. En sortant de Damiette, on côtoya le lac Menzaleh, qui, d'après Macrisy, s'agrandit considérablement par une soudaine irruption des eaux de la mer. Tous les bas-fonds, dit-il, furent submergés, et les plateaux élevés devinrent des îles. Toutes ces îles renferment des ruines d'anciens édifices et des villages modernes. La pêche y est très-abondante, et les habitants de ces villages ne se nourrissent que de poisson. Dans la saison des pluies, le lac se couvre d'oiseaux aquatiques parmi lesquels se remarque le pélican, que les Arabes savent apprivoiser et dresser pour la pêche. »

Tout en écoutant M. Roland, nos jeunes voyageurs s'approchaient de Mansourah, qui s'élève au milieu d'une campagne parfaitement cultivée. Firmin voulait voir ce que l'historien des Croisades dit avoir vu, la maison dans laquelle saint Louis fut retenu prisonnier après la désastreuse bataille qui se perdit par la fougue imprudente de Robert d'Artois. C'est un édifice sombre et mesquin, qui n'a aucune apparence et qui, probablement, a plusieurs fois changé de forme depuis ce funeste événement, qui remonte au milieu du treizième siècle. Il paraît même que ce n'est qu'à cette époque que cette ville prit le nom qu'elle porte, lequel signifie *victoire*.

De là, nos voyageurs se rendirent au village de Tmaï-el-Emdid pour visiter les deux éminences au pied desquelles il est bâti. Ces deux éminences sont toutes chargées de ruines antiques; la vallée qui les sépare se couvre en tout temps de plantes aquatiques, ce qui semble indiquer l'existence d'un ancien lac. Sur la colline de l'est, ils remarquèrent parmi les ruines un bloc de marbre haut de trente-six pieds et large de trente, sur vingt-cinq de profondeur. Cette lourde masse repose sur une forte assise de maçonnerie. « C'était là, dit M. Roland, un temple monolithe pareil à celui de Saïs ; mais ces débris de sarcophages de granit noir, ces tronçons de colonne, ces décombres, ces restes de statues, annoncent qu'une grande ville occupa jadis cet emplacement. C'était probablement celle de Thmuïs, que dans le moyen âge on appela Tmaïé, et dont le souvenir se retrouve encore sous le nom moderne du village.

« Il y avait là un canal qui dérivait de celui de Moez ou de Tanis ; il conduisait les eaux à la ville. Quand j'ai passé par là la première fois, j'y recueillis une vieille tradition assez singulière pour que je vous en fasse part. Il est probable qu'elle s'est chargée, en passant par la bouche des Arabes, des ornements que leur imagination sait prêter à tout. Quoi qu'il en soit, voici la tradition. Le prince qui régnait à Thmuïs avait une fille très-belle ; il l'offrit pour épouse à celui qui viendrait la chercher dans un bateau ; le canal dont vous voyez les traces n'existait pas encore. Un prince voisin se mit aussitôt à creuser un canal par lequel l'eau du Nil devait arriver à la ville ; mais il fallait du temps pour un si grand ouvrage. Dans l'intervalle, un autre prince se rendit à Thmuïs dans un bateau traîné sur des roues. On jugea que la condition était remplie, il devint l'époux de la princesse, et le canal que l'autre prince avait commencé fut abandonné sans retour.

« De ce côté, continua M. Roland en se tournant vers le nord-est, on voyait la ville fameuse de Mendès, capitale d'un nome, célèbre par le culte qu'on y rendait à un bouc, et les fêtes plus que licencieuses par lesquelles on honorait cette étrange divinité. On croit que le mince village d'Achmoun-Tanah remplace Mendès. Un peu plus loin, se montrait Panœphisis, que les Grecs nommèrent Diospolis, quoique déjà plusieurs autres villes égyptiennes eussent reçu le même nom. S'il faut en croire Jules-Africain, cette Diospolis du Delta a fourni quelque dynastie de Pharaons, que cet écrivain distingue très-bien des dynasties de la grande Diospolis. On dit que cette ville fut entièrement ruinée l'an 1047 avant Jésus-Christ, par le roi de Tunis, jaloux de sa prospérité. »

Le lendemain, avant le jour, on se mit en marche et l'on se dirigea vers le village de San, qui n'est habité que par des Bédouins et des pêcheurs. A l'aspect des misérables chaumières de terre et de paille hachée qui composent le village, nos jeunes voyageurs parurent très-surpris qu'on les eût conduits à ce triste lieu. « Ce village, leur dit le gouverneur, vous paraît bien chétif; mais sachez que vous foulez sous vos pieds l'ancienne résidence du Pharaon sous les yeux duquel Moïse opéra ses prodiges. On prétend même que ce fut là que naquit le législateur des Hébreux.

Ruines de Tanis

J'accompagnais le général Andréossi lorsqu'il visita les ruines éparses autour du village ; elles occupent un espace considérable tout le long du canal qui portait le nom de Branche-Tanitique ; nous y comptâmes sept obélisques mutilés et brisés, gisant sur le sol où bientôt le sable achèvera de les couvrir. Voyez le fût de celui-ci, à peine se montre-t-il encore. Ces blocs de granit, qui maintenant frappent vos regards, c'étaient des chapelles monolithes. Le village actuel de San est le principal marché des dattes de Salahiêh et du poisson salé du lac.

— Les Hébreux habitaient donc dans Tanis ou les environs, dit Firmin lorsque M. Roland eut cessé de parler, puisque Moïse naquit et vécut dans cette ville. Il est probable, si toutefois ceux qui prétendent que Moïse était de Tanis ne se trompent point, que beaucoup d'Hébreux, tels que les chefs de tribus, demeuraient à Tanis; mais les Hébreux eux-mêmes paraissent avoir habité le pays de Saïte, c'est-à-dire la terre de Gozen, que Joseph avait donnée à ses frères.

— Et ce pays de Saïte ou de Gozen, où le place-t-on?

— Dans le nome de Sethron ou Séthroïte, à quelques lieues de Tanis, vers l'Orient, au sud du lac Mensaleh. On se fonde sur le Manéthon de Jules-Africain, et sur l'historien des Juifs, Josèphe.

— Monsieur, dit Edmond, en interrompant, je vous demande pardon, mais soyez indulgent pour mon ignorance. Qu'entendèz-vous, je vous prie, par le Manéthon de Jules-Africain?

— Manéthon était un prêtre d'Héliopolis, contemporain du premier Ptolémée. Quand ce prince eut consolidé sa puissance en Égypte par des victoires sur ses compétiteurs, il voulut connaître l'histoire du pays sur lequel il allait régner. Il s'adressa au prêtre Manéthon, qui écrivit l'histoire d'Égypte, mais cette histoire est perdue; il n'en reste que les fragments, peut-être infidèles, qui nous ont été transmis par Jules-Africain, par Eusèbe, par Josèphe et par le Syncelle.

« Nous qui venons de voir les ruines de Tanis, et qui maintenant découvrons Tennis, nous ne confondrons pas ces deux villes comme l'ont fait plusieurs écrivains. L'an 251 de l'ère des martyrs, dit Macrisy (vers l'an 545 de l'ère vulgaire), le lac déborda et la plus grande partie du territoire de Tennis (Tennesis des anciens) fut submergée. Les lieux qui se trouvèrent bâtis sur des éminences, tels que Tennis, Tinch, Boura et quelques autres restèrent entourés d'eau. Un autre écrivain arabe, Massoudi, donne à Tennis cent portes. Ce qui est certain, c'est que cette ville était encore florissante dans le neuvième siècle, et qu'elle avait des manufactures rivales de celles de Damiette; leurs produits étaient bien recherchés. Un Arabe, cité par Massoudi, dit qu'il y avait une mosquée dans laquelle on allumait toutes les nuits dix-huit cents flambeaux, cent soixante mosquées ordinaires, soixante-douze églises de chrétiens, cinq mille métiers de tisserands, etc. »

En sortant de Tennis, nos voyageurs traversèrent trois collines qui ne sont composées que de débris humains, entassés les uns sur les autres. Macrisy et Massoudi les appellent *Aboul-Koum* ou *Dhat-Alcoum;* Aben-Hauka leur donne le nom de *Boutoue*. Ce fut sans doute la Nécropolis de Tennesis dans les premiers âges. Les historiens arabes prétendent que ces dépôts funèbres existaient déjà au temps de Moïse; car, au temps de Moïse, les Égyptiens enterraient leurs morts, et plus tard les chrétiens et les musulmans les ont aussi enterrés. Tous les cadavres sont, au surplus, enveloppés dans une toile grossière. Après avoir parcouru en tous sens ces collines, M. Roland et ses deux compagnons de voyage sortirent du lac, ou de ce qu'on appelle le lac, et ils passèrent à Tynêh, misérable village auprès duquel les Turcs ont bâti une forteresse qui défend l'entrée d'un canal fangeux, qui fut autrefois une des bouches du Nil; et, laissant à leur droite un mince village qui occupe la place de l'ancienne Sethron (l'Ovaris des rois pasteurs et la Typhonopolis des Égyptiens), ils se dirigèrent vers les ruines de Peluse.

« Cette ville de Peluse, dit M. Roland, était regardée comme la clef de l'Égypte ; Strabon vante la force de ses remparts, et néanmoins elle ne put jamais arrêter la marche des armées qui ont envahi le pays. L'Athénien Chabrius avait bâti, sur la rive orientale de la branche pélusiaque, une forteresse qui existait encore sous les Ptolémées. »

Nos voyageurs ne firent que passer à Peluse, et ils se rendirent sans délai à Kattieh, petit village situé au milieu d'un bois de palmiers, mais sur un terrain sec et aride qui n'a d'eau que celle qu'on recueille dans les citernes. Le but de cette excursion était de gagner le sommet du mont Cassius, dont les eaux de la mer baignent le pied. Cette montagne séparait l'Égypte de la Syrie. Elle était fameuse par son temple de Jupiter Cassius.

De Kattieh, nos voyageurs se dirigèrent vers Salahieh. Firmin aurait bien voulu reprendre le chemin de Rosette, et son ami Edmond, de son côté, n'en aurait pas été fâché, mais M. Roland insista pour qu'on avançât vers le sud. Il avait écrit à M. Dupré, sans en rien dire à Firmin, pour le prier d'envoyer ses équipages à Fayoûm, chez le Mamlouk Mohammed. Il ne voulait retourner à Rosette qu'au moment de partir pour la France ou pour la Grèce, si M. de Hauterive désirait que son fils visitât cette contrée avant son retour. Son intention était donc de marcher directement sur le village de Matarieh, de passer le Nil au-dessous du Caire et de se rendre à Fayoûm.

On traversa d'abord une vaste plaine de sable, où il ne naît pas un brin d'herbe. Seulement à quelques lieues de Kattiêh, on trouva une espèce d'oasis qui contient une centaine de palmier. Quand on veut se procurer un peu d'eau, on creuse la terre à peu de profondeur, mais on n'y trouve que de l'eau saumâtre qu'on ne peut boire que lorsqu'on brûle de soif. A Salahieh, le terrain devient plus ferme et la marche plus facile. A une journée de Salahieh, nos voyageurs reconnurent les ruines de Bubaste, près d'un village qui porte aujourd'hui le nom de Bastah. Ces ruines occupent un grand carré de six à sept cents toises de côté. C'était là qu'on adorait la Diane égyptienne sous la forme d'une chatte. Le chat était un animal sacré, et rien ne pouvait sauver de la mort l'imprudent qui, même involontairement, en avait tué un. Aussi les chats avaient une somptueuse Nécropolis à Bubaste. De tous les côtés de l'Égypte on y apportait des chats morts, après qu'on les avait embaumés. On célébrait tous les ans à Bubaste la fête de la déesse. Le Nil se couvrait alors de barques remplies de voyageurs et de musiciens. M. Roland fit remarquer à ses deux élèves plusieurs blocs énormes de granit, entassés les uns sur les autres. Ils virent aussi des fragments de colonnes, toutes couvertes d'hiéroglyphes.

Cette ville est désignée dans les livres saints par le nom de Phibeseth.

Au-dessus des ruines de Bubaste, ils aperçurent la ville de Belbeys, que d'Anville prétend être le Pharbétéis des anciens ; Macrisy est de la même opinion. Il assure que tout ce pays fut donné aux tribus arabes qui avaient servi dans l'armée d'Amrou-ben-al-As. Ce fut à Belbeys que s'arrêta la fille de Makaukas, gouverneur de l'Égypte à l'époque de la conquête; elle se rendait à Constantinople, pour épouser Constantin, fils d'Héraclius; mais les Arabes avaient déjà conquis la Syrie, et ils s'avançaient à grandes marches vers l'Égypte. Amrou ne tarda pas à se montrer sous les murs de Belbeys, qui fut emportée d'assaut. Le général arabe voulant gagner la confiance et l'amitié de Makaukas, lui renvoya sa fille avec tout ce qui lui appartenait. Plus tard, les croisés prirent Belbeys après un long siége. Depuis cette époque, cette ville n'a fait que déchoir; située à la jonction de plusieurs canaux dérivés du Nil, elle parut offrir à Bonaparte, en 1798, un poste militaire important, car il la fit fortifier. Son évêché a été réuni, au commencement du dix-huitième siècle, à celui de Damiette.

Deux routes s'offraient ici à nos voyageurs, l'une, descendant au sud, devait les conduire à la Matarie, et de là aux Pyramides en traversant le fleuve; c'était celle que M. Roland voulait suivre.

L'autre, se dirigeant au sud-est, les conduisait à Suez et à la sortie de la vallée par laquelle plusieurs écrivains soutiennent que Moïse arriva sur le bord de la mer Rouge. L'idée de se trouver sur le lieu même où Moïse commanda aux eaux de la mer de lui ouvrir un passage, souriait à Firmin; d'un autre côté, l'aspérité du sol, les plaines de sables, le défaut d'eau, l'ardeur du soleil, le désenchantaient de ce voyage : il fit avec son gouverneur une transaction. « Je vois, lui dit-il, que vous penchez pour la route du sud, nous vous y suivrons avec plaisir, Edmond et moi, mais à condition que vous nous direz tout ce que vous savez de Suez et de la mer Rouge. » M. Roland ayant accepté volontiers la condition qu'on lui imposait, nos voyageurs et leurs guides ou serviteurs se mirent en route, et après trois ou quatre heures de marche, on parvint à un lieu tout couvert de ruines.

« Ces ruines, dit le gouverneur, sont celles de la ville d'Onias, où les Hébreux, qui avaient suivi Onias, bâtirent un temple sur le modèle de celui de Jérusalem et avec l'intention de remplacer ce dernier. Cet Onias était fils du grand-prêtre des Juifs Onias III. Après la mort de son père, il fut contraint par ses oncles de s'expatrier, et il se retira en Égypte, vers l'an 200 avant Jésus-Christ. Il devint favori de Ptolémée Philometor, qui non-seulement lui permit de construire un temple, mais encore lui fit don de beaucoup de terres pour l'entretien de l'édifice et de ceux qui pourraient y être attachés. Après la prise de Jérusalem par Titus, Vespasien, qui craignit que le temple d'Onias ne devînt un point de ralliement pour les Juifs, qu'il voulait au contraire disséminer dans les provinces de l'empire, fit fermer le temple, ce qui amena la prompte décadence de la ville qui avait été construite alentour de l'édifice sacré.

« Si nous voulions maintenant aller à Suez, nous aurions à traverser une plaine de sable et de cailloux, qui nous conduirait au château turc d'Adjerouth, au pied duquel est une source d'eau vive assez abondante, mais d'un goût tellement saumâtre, que les chameaux seuls peuvent s'en accommoder. On croit que ce château occupe la place de l'ancienne Héroopolis, qui avait donné son nom à un nome et à celui des deux golfes par lesquels se termine la mer Rouge, et qui est le plus occidental.

« Cette mer, que les Arabes nomment mer de Kolzoum (l'ancienne Clysma), n'est pas rouge, comme l'ont écrit quelques historiens crédules; elle doit ce nom à la teinte rougeâtre de quelques rochers de ses rivages. La navigation a toujours été difficile sur cette mer, à cause des bas-fonds qu'on trouve dans sa partie septentrionale, des écueils dont elle est semée et des brisants qui sont sur la côte. Une opinion commune aux anciens Égyptiens et aux Arabes du moyen âge, c'est que la mer Rouge est plus haute que la Méditerranée et que le sol de la Basse-Égypte. De là vient qu'on a toujours abandonné les travaux tentés par divers souverains pour joindre les deux mers par un canal; on a craint que l'Océan, venant à se précipiter par ces voies nouvelles qui lui seraient ouvertes, ne submergeât la moitié de l'Égypte. Crainte absurde, lors même qu'il y aurait différence de niveau dans les deux mers; car, outre que l'évaporation journalière enlèverait de la surface de la Méditerranée l'eau qui pourrait y entrer par ce canal, rien ne serait plus facile que de contenir dans ce canal, par des digues et des écluses, l'eau qu'il recevrait de la mer Rouge. Le véritable motif qu'ont les différents possesseurs de l'Égypte pour ne point ouvrir ce canal, a été la crainte d'offrir aux Phéniciens, aux Grecs et plus tard aux Romains, une route facile vers l'Arabie et l'Inde. La nature du terrain au surplus, sur les deux points qui se correspondent, présente un obstacle qui n'est pas facile à vaincre. Les deux rivages sont formés d'un sol bas et vaseux où les eaux forment des marais pleins de grèves, ce qui retient les vaisseaux à une grande distance de la côte. Les deux plages sont également ouvertes à tous les vents, et le pays environnant manque d'eau douce.

Il est probable qu'on ne trouvera jamais d'autre moyen de communication entre les deux mers que celui qu'employaient les anciens souverains du pays : la construction du canal entre la mer et le fleuve.

« La première ville qu'on rencontrait autrefois sur la côte de la mer Rouge était celle de Clysma, de laquelle les Arabes ont fait Kolzoum. L'ancienne ville, tout à fait ruinée, montre ses tristes débris entre Kolzoum et Suez, à six ou sept cents toises de cette dernière. C'est en face de Clysma ou Kolzoum que débouche la fameuse vallée de Wadi-al-Tih ou Thi-beni-Israël (*vallée de l'égarement* ou *égarement des enfants d'Israël.*) Elle commence au delà de Sérakious, vieux monastère à deux lieues environ du Caire, à l'est; elle se dirige d'abord vers la fontaine d'Adjirouth, et s'incline ensuite au sud-est. L'ouverture de cette vallée, du côté de la mer, est appelée dans l'Exode *Lihahiroth;* c'est de là peut-être que les Arabes ont tiré le nom d'Adjirouth. Ce qui fait croire que c'est par cette ouverture que les Israélites entrèrent dans la mer Rouge, c'est l'existence d'Aïn-al-Muza, fontaine de Moïse, sur le bord opposé à quatre ou cinq lieues de distance. Cette fontaine est peu abondante, surtout pendant le jour, et ses eaux, dit-on, ont le goût saumâtre. Au delà de la fontaine on entre dans le désert de Tiêh, qui occupe à peu près l'espace compris entre les deux golfes, jusqu'aux ruines d'Aïlah à l'orient, et jusqu'au mont Sinaï au midi. Ce désert paraît n'être que le prolongement de la vallée de Al-Tih.

« Comme vous exigez de moi que je vous dise tout ce que je sais des lieux où nous pouvons nous rendre, reprit M. Roland, après quelques moments de silence, je vais vous raconter ce que j'ai lu dans Macrisy à mon premier voyage. Il rapporte que l'an 652 de l'hégire.... — Souffrez que je vous interrompe, dit Firmin, pour vous demander une chose. Quand on cite pour date les années de l'hégire, je suis toujours embarrassé pour faire concorder cette date avec notre ère, quoique je sache bien que la première année de l'hégire répond à l'an 622 de l'ère chrétienne, et qu'il semble d'abord qu'il suffit d'ajouter à la date indiquée ce nombre de 622. — C'est bien aussi ce qu'il faut faire, mais il faut d'abord retrancher de cette date, autant d'années qu'il y a de fois trente-trois ans, c'est-à-dire trois années par siècle, parce que les années de l'hégire sont lunaires, plus courtes que les nôtres de onze jours, de sorte que cent années des musulmans n'équivalent qu'à 97 années vulgaires. Revenons à la date de Macrisy 652, nous y trouvons dix-huit ans à retrancher pour les six siècles et un an pour la fraction de 52, en tout 19 ans qui, ôtés de 652, réduisent ce nombre à 633; ce dernier nombre, ajouté à 622, donne un total de 1255, année de l'ère chrétienne à laquelle répond la date de Macrisy. Cette méthode, au surplus, n'est pas d'une exactitude mathématique, car il se trouve quelquefois un mécompte de quelques mois, qui au lieu d'une année peut donner l'année précédente, mais lorsqu'on veut la correspondance très-précise, on consulte les tables qui ont été dressées. En général la méthode que je vous indique donne l'année juste. Je reviens maintenant à Macrisy.

« Cet écrivain rapporte que les Mamlouks Sahrites ayant été obligés de s'enfuir du Caire avec leur prince Bibars al Kelaoum, quelques-uns d'entre eux prirent la route d'Al-Tih, où ils s'égarèrent; ils la parcoururent dans toutes les directions sans trouver d'issue. Le sixième jour, ils arrivèrent à une ville dont les murailles et les portes étaient de marbre vert. Cette ville paraissait abandonnée depuis longtemps; les sables la recouvraient à demi. Les Mamlouks entrèrent dans plusieurs maisons, où ils virent quelques vases et des étoffes qui tombaient en poussière dès qu'on y touchait : ils trouvèrent aussi une citerne qui contenait encore de l'eau, et neuf pièces d'or qu'ils emportèrent. Macrisy ajoute que ces pièces portaient l'empreinte d'une gazelle et une légende en caractères hébraïques. Cette légende indiquait une époque correspondante au temps de

Moïse. Mais au temps de Moïse, les Égyptiens n'avaient pas de monnaies gravées, ce qui rend le fait un peu suspect. Macrisy passe pourtant pour un historien digne de foi, moins crédule et plus exact que les Arabes.

« Non loin de la ville de Clysma s'élevait celle d'Arsinoé, qui n'était qu'une partie de Clysma restaurée par Ptolémée Philadelphe. Le nom d'Arsinoé lui fut donné par ce prince en l'honneur de sa femme. Là commençait le canal de jonction entrepris ou plutôt terminé par le même souverain, car il avait été commencé par le Pharaon Néchao, fils de Psammétique. Suez s'est formé des débris d'Arsinoé, de Clysma et de Kolzoum. Ce n'est guère au surplus qu'un amas de misérables chaumières qui, au temps de l'expédition française, n'avaient d'habitants qu'une partie de l'année seulement, c'est-à-dire au moment de l'arrivée et du départ des vaisseaux marchands. Ce n'est pas sans raison que ses habitants l'abandonnent, cette époque passée : la côte est aride, la campagne d'alentour n'est qu'une plaine de sable, la source la plus voisine est à quatre ou cinq lieues de distance, la mer bourbeuse et verdâtre n'a point de poisson, le port n'est praticable que pour les barques, qui doivent même attendre la marée montante pour en franchir l'entrée; les vaisseaux mouillent dans la rade qu'un large banc de sable sépare du port. On assure que Méhémet-Ali veut y faire aboutir le chemin de fer qui doit commencer au Caire. L'établissement des bateaux à vapeur entre l'Inde et l'Angleterre pourrait faire reprendre à Suez l'ancienne importance d'Arsinoé, si le projet de Méhémet vient à recevoir son exécution. »

La petite caravane ne put, malgré sa diligence arriver que le soir à la Matarée, petite ville du moyen âge, laquelle s'élève auprès des ruines d'Héliopolis, de la ville du Soleil, où les philosophes de la Grèce allaient emprunter des systèmes ou des connaissances philosophiques, de cette Héliopolis dont le nom vivra dans l'histoire tant que la gloire des armes françaises lèguera quelque souvenir aux âges futurs. Le lendemain on était sur pied avant le jour.

Ce fut à la Matarée (Matariêh), disent les Coptes, que la sainte famille établit son séjour lorsqu'elle eut quitté la Judée pour se soustraire aux persécutions d'Hérode. Aussi tout à leurs yeux tient ici du prodige, et les Musulmans eux-mêmes partagent cet enthousiasme. On ne saurait trop regretter que, dans les récits coptes, tant de détails fabuleux se mêlent au fait principal.

Il y avait à la Matarée une chapelle, qu'au grand scandale des Coptes, les Musulmans ont changée en mosquée. On y faisait voir une citerne revêtue de marbre de plusieurs couleurs, recevant l'eau d'un puits voisin dans lequel, dit-on, Marie lavait les langes de son fils, et à côté de ce puits ou plutôt de cette source, on faisait remarquer un trou dans la muraille ; c'était dans ce trou que l'enfant Jésus était déposé tandis que sa mère lavait. Les Coptes avaient construit un autel au dessous de ce trou; les Turcs l'ont enfermé dans la mosquée. Les Coptes prétendent que l'eau de cette source est meilleure et plus légère que celle du Nil; les musulmans la font arriver de la Mecque par un conduit qui passe sous la mer Rouge. Nos voyageurs durent à l'intercession du Mamlouk, qui avait donné à M. Roland plusieurs lettres très-pressantes pour divers gouverneurs, la faveur d'être introduits dans la mosquée, où ils purent contempler le trou et la source.

On leur permit aussi d'entrer dans le jardin où croissait jadis le baumier, et où l'on voyait aussi le sycomore sous lequel Joseph, Marie et l'enfant Jésus trouvèrent un abri. Le sycomore mourut, dit-on, de vieillesse l'an 1656, et les gardiens du jardin en faisaient voir le tronc aux curieux ; du moins ils leur montraient le vieux tronc qu'ils donnaient pour celui du sycomore. Quant aux baumiers, il paraît qu'il n'en reste plus aucun en Égypte depuis le seizième siècle ; et sur les causes qui les ont fait périr il existe tant de contes, tant de versions différentes ou opposées, qu'il n'est pas possible de découvrir la vérité.

Après avoir visité la Matarée, nos voyageurs

se rendirent aux ruines. Ils s'arrêtèrent devant celles du temple fameux où le soleil était adoré sous le nom de grand Osiris.

« Ces Égyptiens, qu'on dit si sages, s'écria Firmin, ne mettaient donc point de bornes à leur manie d'adorations ; car je me souviens d'avoir lu dans leur histoire qu'ils adoraient des dieux inconnus, des demi-dieux, leur Osiris et leur Isis sous plusieurs formes, tous les dieux de la Grèce, tous les animaux, jusqu'aux plus immondes.

— Cela est vrai, ceux que Moïse appelle *stercoreos deos*.

— Et tous ces dieux ne leur suffisaient pas. Comme les Chaldéens, comme les Perses, ils adoraient encore le Soleil, et probablement tous les astres.

— Vous soulevez là, mon jeune ami, une question très-importante ou plutôt des questions nombreuses dont la discussion nous mènerait beaucoup trop loin. Je dois me contenter de vous dire que les prêtres Égyptiens avaient des doctrines secrètes auxquelles ils se gardaient d'initier le vulgaire. Ils laissaient au peuple l'adoration matérielle des animaux, des astres et des hommes déifiés ; dans les animaux et les astres, ils ne voyaient que des emblèmes, des représentations de leurs dieux ou des attributs divins. Encore y avait-il des prêtres d'un ordre supérieur qui s'élevaient à de plus hautes considérations, et qui, dit-on, s'ils n'avaient pas la connaissance du vrai Dieu, ne reconnaissaient qu'un Dieu unique, animant toute la nature; mais par malheur, ces doctrines qui, dans l'origine, étaient peut-être pures de systèmes humains (car il paraît certain qu'Abraham avait conversé avec les prêtres d'Héliopolis, et l'on ne peut guère douter d'ailleurs que pendant le séjour des Israélites en Égypte, ils n'aient pris quelque connaissance de leurs croyances), ces doctrines dégénérèrent en panthéisme.

Quant à l'adoration du soleil en Égypte, elle n'a rien qui doive nous étonner. Je crois que le premier pas que les hommes firent vers l'idolâtrie fut déterminé par la contemplation des astres. Les Égyptiens surtout durent être prodigues d'hommages envers ce brillant soleil qui, desséchant leurs marais, leur donnait en quelque sorte un sol et une patrie. Aussi lui avaient-ils consacré plusieurs villes, parmi lesquelles celle d'On (1) que les Grecs nommèrent Héliopolis, la ville du Soleil, par excellence, tenait le premier rang. Pour ajouter encore à la vénération des peuples, les prêtres d'Héliopolis attribuaient la fondation de leur ville au divin Actis, fils du Soleil et de Rhodée qui elle-même était fille de Neptune. C'est là au surplus ce qu'affirme l'historien Diodore.

(1) Cet On des Égyptiens répondait à l'Oûm des Hindous, nom mystique par lequel ces derniers désignaient le grand être, le grand tout, le grand pan.

« Les prêtres égyptiens exercèrent une grande influence sur les esprits jusqu'à l'invasion de Cambyse ; c'était surtout dans Héliopolis que leur pouvoir se déployait sans obstacle. Un éloge pourtant qu'on ne saurait leur refuser, c'est que l'ambition n'éteignait pas en eux l'amour de la science. Ils avaient des palais pour habitations, les tissus du lin le plus fin composaient leurs vêtements, ils possédaient de vastes domaines, leurs temples l'emportaient en magnificence sur tous les édifices connus, leur volonté s'accomplissait sans contradiction ; mais par leurs travaux ils servaient l'astronomie, les arts, le commerce, l'agriculture, et, dans leurs écoles publiques, ils instruisaient la jeunesse.

« Le temple, dont nous foulons aux pieds les débris informes, était précédé d'une cour immense de huit cents pieds sur deux cents. Deux rangées de sphinx conduisaient à un vaste portique élevé de dix pieds. Les sphinx étaient éloignés de vingt pieds les uns des autres ; mais on avait placé alternativement dans les intervalles des colonnes et des obélisques. Le portique, soutenu par des colonnes de marbre, servait d'entrée à un vestibule par lequel on arrivait à un second portique, suivi d'un second vestibule. De là on montait au temple, dont la voûte enrichie d'or et d'azur reposait sur des colonnes de marbre et de porphyre. Il fallait traverser le temple pour entrer dans le sanctuaire qui consistait en un dôme appuyé sur plusieurs colonnades. L'autel était placé sous le milieu du dôme. Plusieurs écrivains rapportent qu'à une partie de la voûte il existait un miroir qui réfléchissait dans le temple les rayons du soleil, de manière à éclairer cet édifice où la lumière ne pouvait pénétrer par aucune ouverture. Strabon parle du miroir, mais il ne dit rien de l'illumination merveilleuse qu'il produisait, ce qui suffit pour autoriser le doute.

« Tout ce qui reste d'Héliopolis, de son temple, de ses palais, de la ville entière ne consiste qu'en tronçons de colonnes, fragments de sphinx, blocs de granit ou de marbre, deux obélisques dont l'un seul est debout ; l'autre est tombé et s'est brisé par l'effet de la chute, on y voit encore les restes d'un mur de circonvallation qui probablement formait l'enceinte extérieure du temple.

« Ces deux obélisques, ou du moins celui qui est encore droit, offrent un singulier phénomène. Macrisy a dit que l'obélisque d'Aïn-Schems (c'est le nom que les Arabes donnent à l'emplacement d'Héliopolis), distille de l'eau de dessous son collier. Il entend par collier ce couronnement de cuivre qui orne la pointe de l'obélisque. Il ajoute que l'eau ne descend jamais que jusqu'à la moitié de la colonne. Abdallatif dit que les obélisques d'Aïn-Schems, qu'il appelle *aiguilles de Pharaon*, ont le sommet revêtu d'une chappe de cuivre en forme d'entonnoir ; il ajoute que le cuivre a pris, par l'effet de la rouille, la couleur verdâtre, et que cette rouille a coulé le long du fût. Il donne au surplus aux aiguilles de Pharaon cent coudées de hauteur, en y comprenant cette base carrée ou plutôt cube de dix coudées. Cette eau, qui suinte à travers la pierre, a exercé l'imagination des savants. M. Hammer, qui a visité l'Égypte en 1801, croit que ce phénomène est dû à la qualité de la pierre qui peut aspirer l'eau par ses tubes capillaires et la laisser suinter ensuite par ses pores sur les surfaces latérales. Abdallatif, le plus judicieux de tous les écrivains arabes, ne trouve là qu'un effet de la rouille et du temps. Je n'entreprendrai pas de les mettre d'accord.

*Non nostrûm... tantas componere lites.*

« Quant à la hauteur de l'obélisque, il paraît qu'Abdallatif n'en a jugé que par approximation. Denys de Telmahre ne lui donne que soixante-dix coudées tout compris. Pockoke, qui dit l'avoir mesuré, ne lui donne que soixante-sept pieds et demi. C'est à très-peu de chose près l'évaluation que nos savants de l'expédition ont prise ; ils donnent soixante-huit pieds au fût seul. Quant au diamètre de l'obélisque à sa base, nous voyons que l'estimation d'Abdallatif est assez juste ; il parle de cinq coudées ; nous trouvons un peu plus de six pieds, et c'est justement la valeur des cinq coudées (1).

— Et ces énormes blocs de pierre que j'aperçois de ce côté, dit Firmin, à quoi pouvaient-ils donc servir?

— On croit, répondit M. Roland, qu'ils faisaient partie du temple, parce qu'ils sont dans le soubassement d'un édifice. Denys de Talmahre les a désignés sous le nom de *trilithon;* Macrisy les cite comme une merveille. Pour ce qui est de tous les autres monuments somptueux qui embellissaient la ville du Soleil, il serait bien difficile d'en retrouver la place au milieu de ces ruines cent fois bouleversées par la main des Arabes. On ignore en quel lieu s'élevaient ces écoles fameuses où Platon lui-même ne dédaigna pas de s'instruire, ces observatoires du haut desquels on calculait d'avance le cours des étoiles, ces sombres retraites d'où le profane vulgaire était repoussé, d'où les prêtres disaient au peuple comme plus tard Horace :

*Odi profanum vulgus et arceo,*

ces cavernes sacrées où les mystères d'Isis étaient célébrés. Ce que le temps avait épargné, les Ara-

(1) L'obélisque renversé tomba le 4 rhamadan de l'an 556 de l'Hégire.

bes l'ont abattu. Cette fureur de chercher partout des trésors, qui, de tout temps, a distingué les Arabes, a causé plus de mal à l'Égypte que n'auraient fait vingt siècles de guerre. « Les anciens « souverains, dit Abdallatif, empêchaient les fouil- « les qui détruisent ou dégradent les monuments « antiques. Aujourd'hui toutes les voies sont ou- « vertes à l'insatiable cupidité. Elle voit partout « de l'argent et de l'or.... L'Arabe, rêvant les tré- « sors, n'aperçoit pas le moindre vestige d'un « monument, qu'il ne s'imagine qu'un trésor est « caché sous sa base. Une fente, une crevasse « dans le flanc d'un rocher, est pour lui un chemin « qui doit conduire à quelque riche dépôt; voit-il « un colosse? c'est le gardien des objets précieux « enfouis sous ses pieds. Aussi que n'a-t-il point « fait pour arriver à ces trésors que son imagina- « tion lui montre partout? Il a renversé les colon- « nes et les statues, il a détruit ou mutilé tous les « monuments, il a pénétré dans le creux des mon- « tagnes, il s'est enfoncé dans les plus sombres « souterrains; il a fait lui-même des excavations « sans nombre, il a cherché à vaincre tous les ob- « stacles, afin de satisfaire cette soif d'or qui le « brûle, d'autant plus active, qu'il a vu plus sou- « vent son attente trahie. »

« N'oublions pas que ce fut devant ces ruines que le général Kléber, qui commandait en chef l'armée française après le départ précipité de Bonaparte pour la France, remporta une victoire célèbre sur les anglo-turcs, dix fois plus nombreux que les Français. »

---

# CHAPITRE VIII.

Les pyramides de Dgizêh. — Memphis, la plaine des Momies. — Jugement des morts. — Fayoûm.

Comme le séjour de Matariêh, situé dans une plaine aride, n'a rien de bien attrayant, nos voyageurs se hâtèrent d'en sortir, et, s'acheminant le lendemain dès le point du jour vers le Nil, qu'ils traversèrent au-dessous de Boulac, ils arrivèrent de bonne heure à Dgizêh, petite ville assez agréablement située, autrefois capitale d'une province, aujourd'hui chef-lieu d'une préfecture, connue principalement par le voisinage des pyramides. Le fameux Mourad-bey, l'un des dominateurs de l'Égypte, à l'époque de l'expédition française, passait la plus grande partie de l'année dans une maison de campagne aux environs de cette ville. De Dgizêh, nos voyageurs repassèrent à Demouh, qui en est très-peu éloigné. Les Coptes y ont un monastère, et les Juifs une synagogue. Auprès de cette dernière, il y avait un vieux tronc d'arbre que les Coptes, les Arabes et les Juifs révéraient également. C'est qu'ils étaient tous persuadés qu'il provenait du bâton de Moïse.

« Voici la tradition que j'ai autrefois recueillie sur les lieux, dit M. Roland aux deux jeunes gens, tradition qui, au reste, est consignée dans les récits des historiens arabes. Moïse, s'étant arrêté en ce lieu à son retour de Madian, planta son bâton en terre, et aussitôt le bâton prit racine; en peu de temps, il devint un arbre magnifique couvert constamment de feuillage. Il demeura dans le même état jusqu'au moment où Melic-Alaschraf-Schaban bâtit au Caire le collége qui porte son nom. Il avait ordonné de couper cet arbre pour l'employer dans les constructions, mais durant la nuit l'arbre se courba, devint tortu, noueux, raboteux, tout à fait impropre à l'usage pour lequel on le destinait. Un autre accident en fit tomber toutes les feuilles, et depuis ce moment, il en est resté dépouillé. Les Coptes racontent, au reste, le même prodige du bâton de saint Éphrem, qui se changea aussi en un bel arbre dans un monastère du désert de Scythâ. Il n'en est pas moins certain que tous les Juifs qui habitent l'Égypte vont en pèlerinage à Demouh, ce qui les dispense de faire le voyage de

Jérusalem. Ils y célèbrent tous les ans le Khitab ou la Pentecôte avec la plus grande solennité. Ils se montrent tous convaincus que ce fut en ce lieu que demeura Moïse, jusqu'au moment où il tira les Israélites de l'esclavage. C'était de là qu'il allait porter au Pharaon les ordres de Dieu. Cette tradition est tout à fait contraire à l'opinion de ceux qui placent à Tanis la résidence du Pharaon. Demouh se trouvait aux portes de Memphis, et il est à présumer que si Memphis n'eût pas été la ville royale, Moïse ne se serait pas arrêté sous ses murs. »

Ce fut en s'entretenant de la sorte que nos voyageurs arrivèrent aux pyramides. A l'aspect de ces masses, Firmin parut frappé d'un profond étonnement, dont lui-même n'aurait pu définir la nature; car sa surprise ne venait point de l'admiration; c'était plutôt de la stupeur devant cette œuvre de patience ou, comme le dit Aristote, devant cet ouvrage de tyrans. Des tyrans seuls ont pu, en effet, employer tout un peuple à la construction de monuments semblables, et ce peuple a dû être un peuple d'esclaves. Firmin demanda d'abord par qui les pyramides de Dgizêh avaient été construites et pour quel usage.

« Ce sont là des choses bien controversées, lui dit M. Roland; on peut dire qu'il y a sur ce point autant d'opinions qu'il y a d'écrivains. N'importe; je vous dirai ce que j'en sais. Hérodote, le premier qui en parle, attribue la construction de ces trois pyramides à Chéops, à Cephren et à Mycérinus. Chéops, dit-il, était un prince impie, ennemi des dieux. Il ferma les temples, prohiba l'exercice du culte, et pour occuper ses sujets, il leur fit construire la grande pyramide. Cent mille hommes étaient constamment employés à ce travail. Diodore donne à ce prince le nom de Chemmis. Cephren ou Chabriès, frère de Chéops, régna avant son neveu Mycérinus. Hérodote combat l'opinion de ceux qui attribuent à une femme, qu'ils nomment Rhodope, la construction de la troisième pyramide. Suivant quelques Arabes, Joseph, Nembrod, et la reine Dalukah fondèrent ces monuments; mais, par un singulier anachronisme, ce fut avant le déluge et comme par prévision. Ils ne manquèrent pas d'y enfermer beaucoup de trésors, bien convaincus que l'or ne leur serait pas moins nécessaire après le déluge qu'auparavant. Les Arabes, venus de Saba, regardaient les trois pyramides comme les tombeaux de Schout ou Seth, d'Hermès et de Sab, fils d'Hermès. Comme ils se prétendent issus de ce dernier, ils ne manquent pas de se rendre en pèlerinage à la pyramide où ils croient ses restes ensevelis. Abdallatif parle de cette tradition des Sabéens; mais à la place de Seth, il nomme Agathodaimon, qui est le dieu chef des anciens Égyptiens. Les Coptes ont d'autres traditions. Ils attribuent la fondation des pyramides au roi Saurid, qui, d'après une autre tradition constatée par une prétendue inscription, vivait trois siècles avant le déluge. Les Arabes se sont emparés de ce fait qu'ils ont singulièrement brodé. Saurid, disent-ils, averti par les prêtres que le déluge aurait lieu, fit construire les pyramides, et il y enferma de grands trésors qu'il entoura de talismans, afin de les défendre contre les mains avides. Dans la grande pyramide, c'était un serpent; dans la seconde, une idole d'agate noire; dans la troisième, une statue de pierre. Si un individu cherchait à s'approcher du trésor, le serpent s'élançait sur lui, l'entourait de ses replis, le piquait et le tuait; l'idole le privait sur-le-champ de jugement et de raison; la statue allait à lui, l'embrassait et l'étreignait si fortement dans ses bras qu'elle l'étouffait. C'est ainsi, mes amis, ajouta M. Roland, que les Arabes écrivent l'histoire.

— Je vois, dit Firmin, que, de toutes ces opinions, la moins invraisemblable est celle d'Hérodote.

— Oui, répondit le gouverneur, mais elle offre une difficulté; c'est que les dynasties de Manéthon ne font aucune mention de Chéops ou Chemnis, ni des deux autres princes. D'un autre côté pourtant, on observe que Manéthon a nommé tous les rois de ses dynasties, à l'exception de ceux de la vingtième, se contentant de dire qu'elle se compose de douze rois de Diospolis. Et comme

Hérodote affirme que les pyramides ont été construites après Sésostris, premier roi de la dix-neuvième dynastie, mais longtemps avant Apriès (l'Hophra de l'Écriture), qui appartient à la vingt-sixième, on peut penser que Chéops, Cephren et Mycérinus appartenaient à la vingtième dynastie. Les calculs qui ont été faits sur cette donnée rapportent le règne de Chéops au commencement du douzième siècle avant Jésus-Christ, environ 400 ans avant la première olympiade (1). Cela posé, quand Bonaparte disait sous les pyramides à ses quatre mille soldats, en face de quarante mille Mamlouks : « Soldats, du haut de ces pyramides, quarante siècles vous regardent » ; il aurait dû dire trente au lieu de quarante. Au surplus, cette harangue vive, courte, énergique, l'enthousiasme des Français, leur confiance dans le général, enfantèrent l'héroïsme, et les quarante mille Mamlouks furent battus complétement après un combat opiniâtre.

« Une question bien controversée et non encore décidée, c'est celle de savoir à quel usage les pyramides furent destinées ; et là-dessus, on s'est livré à des divagations sans nombre. Les uns ont voulu que les pyramides fussent des tombeaux ; d'autres en ont fait des observatoires, des édifices

(1) La première olympiade a commencé l'an 776 avant Jésus-Christ.

faits pour établir une méridienne invariable; d'autres encore y ont vu des gnomons. Pour moi, si je devais avoir un avis, je soutiendrais volontiers que c'étaient des monuments érigés en l'honneur du soleil Osiris. Suivant l'opinion d'Hérodote et de beaucoup d'autres écrivains anciens et modernes, les pyramides étaient des tombeaux; mais les princes qui les avaient fait construire n'y furent pas ensevelis; mais le prétendu sarcophage qu'on a trouvé au milieu de la grande chambre, dite du roi, n'a point la forme des cercueils égyptiens, ne laisse apercevoir aucune trace qui indique un couvercle, et de plus est placé horizontalement, contre la coutume générale et constante des Égyptiens, de placer debout les caisses de leurs momies. Je dois convenir que le voyageur Caviglia a reconnu des routes souterraines qui s'enfoncent sous la grande pyramide, et qui probablement conduisent à la partie inférieure du puits qui se trouve en allant de l'ouverture aux chambres, puits dont l'existence était attestée par Pline, longtemps avant qu'on fît l'ouverture de la pyramide. Un auteur arabe, qui prétend être descendu au fond de ce puits, dit qu'on y trouve quatre portes qui conduisent à quatre grandes pièces qui renferment des momies. J'admets ce fait; il ne prouve pas plus que les pyramides étaient des tombeaux, que les caveaux de nos églises que, naguère encore, on remplissait de cadavres, ne prouveraient que nos églises sont des monuments funèbres.

« La découverte de Caviglia piqua d'émulation. On croyait que la seconde pyramide n'avait jamais été ouverte; Belzoni chercha un passage pour y pénétrer, et il le découvrit. On prétend qu'il y avait parmi les Arabes une tradition relative à ce passage, et que Belzoni la connaissait. Du reste, il est bien permis de croire que cette tradition existait, puisqu'une inscription arabe, trouvée dans la chambre dite sépulcrale, prouvait que les Arabes y étaient entrés dans le douzième siècle de l'ère vulgaire. On y trouva, comme dans la première, une grande cuve qu'on appela sarcophage, et dans ce sarcophage des ossements qu'on reconnut pour être ceux d'un bœuf. Quant à la troisième pyramide, elle n'a jamais été ouverte. On croit que la première le fut par ordre du calife Almanoun, fils et successeur du fameux Aaron-Raschid; et comme cela eut lieu par l'enlèvement d'une grosse pierre, située sur la face septentrionale, à cinquante pieds environ du sol, on ne doute pas que la situation de cette pierre ne fût connue par tradition, car le hasard seul n'aurait pu l'indiquer. Il paraît même que le secret n'était pas ignoré des anciens. Hérodote, il est vrai, n'en parle que d'une manière assez vague, se bornant à dire qu'il y a dans le corps des pyramides des routes; mais Strabon, mieux instruit, affirme qu'à une certaine hauteur, vers le milieu des côtés, il y a une pierre mobile qui, étant ôtée, laisse à découvert une entrée oblique par laquelle on pénètre dans l'intérieur.

« On sait aujourd'hui qu'on arrivait au cœur de ces monuments non-seulement par l'entrée ordinaire, mais encore par des avenues secrètes; que les eaux du Nil y arrivaient par des conduits souterrains; qu'il existe des communications du dedans au dehors; qu'auprès des pyramides se trouvaient de nombreuses excavations où l'on croit que les prêtres faisaient leur demeure; tous ces faits appuyés par les conséquences qu'on peut tirer de la forme extérieure des pyramides, forme qui, mieux que toute autre, permet aux rayons du soleil de les embrasser dans tous leurs contours, peuvent m'autoriser à penser que ces pyramides furent des temples élevés en l'honneur d'Osiris, dispensateur de la lumière. Qui ne sait que, dans les anciens temps, les hommes représentèrent leurs dieux sous la forme d'une colonne ou d'une pierre. Callirhod, prêtresse de Junon, dit saint Clément d'Alexandrie, parait de guirlandes la colonne de la déesse, et Scaliger, sur ce passage, observe que les statues des dieux ne furent d'abord que des colonnes pyramidales. Jupiter et Diane, suivant Pausanias, étaient représentés à Corinthe, l'un sous la forme d'une pyramide, l'autre sous celle d'une colonne; et pour ne pas sortir de l'Égypte, je vous dirai, avec Diodore, que les Égyptiens ont honoré sous la forme de colonnes Osiris et Isis, et qu'ils regardaient les pyramides et les obélisques, terminés en pointe, comme représentant des rayons du soleil. »

Tandis que M. Roland parlait, on s'était avancé du côté du nord; Firmin n'aurait pas cru avoir vu les pyramides d'Égypte, s'il n'était entré au moins dans l'une d'elles. Ils se trouvaient sur le bord de l'espèce de glacis que les sables, poussés par les vents et probablement aussi par la main des hommes, ont formé au-dessous de l'ouverture, et qui s'élève jusqu'à cette dernière. Nos voyageurs arrivèrent par cinq canaux ou galeries, qui vont de haut en bas, de bas en haut et horizontalement, à la chambre dite du roi. L'autre chambre, dite de la reine, est sous la première. Quatre de ces canaux sont de même grandeur; comme ils n'ont que trois pieds et demi de haut, on est obligé de s'y glisser courbé ou couché. Les quatre côtés sont revêtus de tables de marbre blanc si bien poli, qu'il serait impossible de monter ou de descendre, si on n'y avait pratiqué des entailles de distance en distance. La cinquième galerie est beaucoup plus haute que les autres. Ce qu'on veut bien appeler sarcophage n'est qu'une grande cuve de granit dur et sonore, très-poli, mais sans ornements; elle est d'une forme oblongue.

Nos jeunes gens renoncèrent à voir la chambre inférieure, et surtout ils rejetèrent bien loin l'idée de descendre dans le puits, comme ils en avaient d'abord eu le projet. M. Roland, qui n'était monté que par complaisance pour Firmin, qu'il ne voulait point perdre de vue, n'eut garde d'insister pour la visite du puits. Après avoir passé une heure à parcourir aux flambeaux ces sombres galeries, il lui tardait de revoir le jour et de respirer l'air libre. Firmin et son ami ne se plaignaient pas, parce qu'ils craignaient quelque citation épigrammatique. Toutefois, en sortant de la pyramide, ils ne purent ni l'un ni l'autre retenir une exclamation de plaisir, ni M. Roland s'empêcher de leur dire : « Très-bien, mes amis, livrez-vous au bonheur de revoir le soleil. Nous sommes tous, en sortant de cette espèce de Tartare, comme ces misérables mortels de Virgile, à qui l'aurore rapporte un jour bienfaisant ;

*Aurora intereà miseris mortalibus almam*
*Extulerat lucem.*

mais nous n'ajouterons pas avec le poëte qu'elle nous ramène le travail et la fatigue ;

*Referens opera atque laborem.*

car cela, j'espère, nous le laissons dans ces galeries, d'où je craignais de ne pouvoir me retirer, ce qui me rappelait un peu ces vers de Sénèque :

*Nonnunquam amplius*
*Convexa tetigit suprà, qui mersus semel,*
*Adiit silentem nocte perpetuâ domum.*

Quand on est une fois entré dans cette silencieuse demeure où la nuit est éternelle, on ne remonte plus au-dessus de la voûte terrestre.

— Ce que je puis dire, répliqua Firmin, c'est que si les pyramides n'ont pas été des tombeaux, leur intérieur n'a rien de gai; mais croyez-vous qu'elles ont été construites par les Israélites durant leur séjour en Égypte, comme le dit Josèphe?

— Non, certes, je ne le crois pas, répondit M. Roland. Je prétends, au contraire, que l'assertion de cet historien est doublement erronée. Il résulte, en effet, de plusieurs passages de l'Exode, que les Hébreux ne furent employés qu'à des ouvrages en brique, et les pyramides sont en grandes pierres carrées de dix à vingt coudées de long sur deux ou trois pieds de largeur et d'épaisseur; elles sont liées entre elles par une couche de ciment dont l'épaisseur égale à peine celle d'une feuille de parchemin, mais il n'y est pas entré la moindre parcelle de brique, et Moïse assurément n'a pas confondu des briques avec d'énormes blocs de pierres. D'un autre côté, s'il est vrai que Chéops et ses deux successeurs appartiennent à la vingtième dynastie, l'érection des pyramides ne peut remonter au delà du douzième siècle avant Jésus-Christ, et, par conséquent, elles n'existaient pas encore au temps de Moïse.

— Ce qui m'étonne, reprit Firmin, c'est que ces pyramides ne sont nulle part ornées d'hiéroglyphes, comme les obélisques qui en sont tout couverts de haut en bas.

— Il est à présumer, répondit M. Roland, qu'elles avaient des hiéroglyphes comme tous les autres monuments de l'Égypte; mais il paraît qu'ils n'existaient que sur le revêtement extérieur que les Arabes ont enlevé pour construire d'autres édifices. La seconde pyramide conserve encore une partie du sien en beau granit rouge extrêmement poli. Si on n'y voit pas d'hiéroglyphes, c'est parce qu'à cette élévation, il n'aurait pas été possible de les apercevoir.

— Cela est vrai, dit Firmin, quoique cette élévation soit moindre que je ne le croyais. La plus grande des trois, à laquelle Strabon donne six cent vingt-cinq pieds de hauteur perpendiculaire, ne me paraît pourtant pas plus élevée que le clocher de Strasbourg.

— Elle l'est même un peu moins, s'il est vrai que la croix soit à quatre cent quarante pieds du sol, puisque la grande pyramide, mesurée avec le plus grand soin par l'ingénieur Nouet, qui faisait partie de l'expédition française, n'a de hauteur perpendiculaire que quatre cent vingt-un pieds neuf pouces. Il faut dire qu'elle a été tronquée et privée de son sommet, ce qui lui a enlevé quelques pieds de hauteur. Cette masse a six cent quatre-vingt-dix-neuf pieds neuf pouces de largeur à sa base, qui repose immédiatement sur le sol comme en général tous les monuments égyptiens. Il est vrai que le sol se compose partout d'une assise de roche très-dure. Celui qui supporte les pyramides est élevé de quatre-vingts pieds au-dessus des terres que le Nil inonde à l'époque de la crue. Ce sphinx colossal qui est au pied de la pyramide de Cheffren, long de cent quarante-trois pieds, s'il faut en croire Pline, et qui, dit-on, était le tombeau d'Amadis, n'est vraisemblablement qu'une protubérance de ce sol de roche, haute d'environ trente ou trente-cinq pieds, et qu'on a eu l'idée de tailler et de sculpter en sphinx. Cette masse était presque en entier ensevelie sous le sable. Toute la partie antérieure a été mise à découvert ; la tête et le cou s'élèvent à vingt-sept pieds au-dessus du sol. »

La caravane ne tarda pas à parvenir au petit village de Bousir-al-Sider ou Abousir, qui s'est élevé sur les ruines de l'ancienne Busiris, où Apis, ou plutôt Sérapis, avait un temple magnifique. Plutarque a prétendu que le nom de cette ville venait de ce qu'elle renfermait le tombeau d'Osiris. Plusieurs écrivains ont adopté cette opinion. Au surplus, Osiris avait beaucoup de tombeaux en Égypte. Il ne faut pas confondre cette bourgade d'Abousir avec celle d'Aboudir-Séménoud, dans le Delta, ni avec celle de Boudir-Banah, dans la Thébaïde. Après avoir passé ce village, en remontant la rive gauche du Nil, on aperçut le village moderne de Bédrechéen, bâti sur une partie de l'emplacement de Memphis.

« Memphis! dit M. Roland; ce nom, comme celui de Thèbes, s'allie dans notre imagination avec l'idée du grand, de l'extraordinaire, du merveilleux même. C'est que notre enfance s'est presque nourrie de ces rapports exagérés, où les Égyptiens sont représentés comme les plus sages, les plus industrieux de tous les hommes, où les ouvrages de leurs mains sont placés après les merveilles de la création. Aristote révoquait en doute l'existence de cette ville au temps d'Homère, parce que ce poëte, si exact dans ses descriptions, n'en parle pas, quoiqu'il fasse mention de Thèbes. D'un autre côté, Hérodote affirme qu'il tenait des prêtres que Menès, premier roi d'Égypte, ayant intercepté par une forte digue, longue de cent stades, le cours du bras du Nil qui passait au pied de la chaîne libyque, jeta les fondements de Memphis dans l'ancien lit. Aussi la ville était-elle fort longue, mais elle avait peu de largeur. Au nord et à l'ouest de sa ville nouvelle, ajoute l'historien, il fit creuser un grand lac pour recevoir les eaux qui viennent du côté de l'est. Il fonda ensuite le temple superbe de Vulcain. D'autres historiens ont prétendu que Memphis n'a été construite que deux siècles après Thèbes, et qu'elle s'agrandit rapidement aux dépens de cette capitale. D'autres encore attribuent la fondation de Memphis à Mesraïm, petit-fils de Cham. Les Arabes prétendent que, lorsque les eaux qui couvraient toute la Basse-Égypte commencèrent à se retirer, les Pharaons firent construire Memphis, dont le nom signifie *Séjour des exilés*, parce que leur intention était d'y reléguer tous les condamnés. Les Grecs ont donné à Memphis une origine mythologique. Il serait trop long de mentionner tous les contes qu'on a faits sur ce sujet.

« Diodore donne à Memphis cent cinquante stades égyptiennes de circonférence; c'était à peu près sept lieues communes de France, et dans cette vaste enceinte, il y avait des lacs ou réservoirs où l'on conservait l'eau pour les besoins de la population, des bosquets de palmiers, des jardins, des plantations d'acacias et de sycomores, un palais qui s'étendait tout le long du Nil, d'une extrémité de la ville à l'autre. Toutefois, Memphis, avec sa longueur de trois lieues que lui donne Diodore et sa largeur d'une demi-lieue seulement, aurait eu beaucoup moins d'étendue que

Paris dont le diamètre est à peu près de deux lieues en tous sens.

« La situation de Memphis aurait toujours été peut-être pour nous un problème sans le témoignage de Strabon et de Pline, auquel il faut joindre celui d'Abdallatif, tant ses ruines conservaient peu d'apparence. Le premier dit que Memphis était située à quarante stades des pyramides (1), sans indiquer si les pyramides se trouvaient au midi ou au nord. Le second, écrivant peu de temps après, affirme positivement que les pyramides sont entre le Delta et Memphis, d'où l'on doit conclure que cette ville était à quarante stades au sud des pyramides. Le troisième, écrivain du dixième siècle et le plus judicieux de tous les annalistes arabes, a vu ses ruines encore existantes, et l'emplacement qu'il désigne est encore précisément celui-ci, entre les pyramides de Dgyzêh et celles de Sakarak, à l'entrée de la plaine de sable qui s'étend vers la chaîne libyque, et qu'on nomme la plaine des momies.

« Les ruines de Memphis, encore existantes au temps d'Abdallatif, excitaient, dit cet historien, l'admiration des voyageurs, malgré les efforts constants des Arabes pour en faire disparaître jusqu'aux moindres vestiges, non-seulement en rui-

(1) Il est à remarquer que toutes les fois que les Grecs et les Romains parlent des pyramides, c'est toujours de celles de Dgyzêh qu'il s'agit, quoiqu'il y en ait beaucoup d'autres.

nant les édifices, mais encore en transportant les débris en d'autres lieux. Abdallatif parle de la *Chambre-Verte*, monolithe de neuf coudées de haut sur huit de profondeur et sept de large, tout couvert en dehors et en dedans d'inscriptions hiéroglyphiques et de sculptures représentant divers accidents de la vie humaine, peut-être les actes de la divinité auquel était consacré ce petit temple. Cette chambre-verte fut détruite, à ce que dit Macrisy, vers l'an 750 de l'hégire; on en voit des fragments dans la Djami ou mosquée qui se trouve au Caire dans le quartier des Sabéens, ou Arabes de Saba. Ceux-ci prétendent que ce monolithe était consacré à la lune, et que c'était l'un des sept, tout à fait pareils, que les habitants de Memphis avaient dédiés aux sept planètes.

« Abdallatif mentionne beaucoup d'autres ruines, parmi lesquelles on voit, dit-il, des idoles de toute grandeur; il y en a une en granit rouge de trente coudées de haut, le piédestal non compris. Toutes ces figures sont parfaitement proportionnées. Le mur d'enceinte de la ville existe encore en quelques parties. A l'aspect de tous ces ouvrages, on excuse volontiers l'erreur du vulgaire, qui les croit sortis des mains des génies. En effet, il a fallu tant d'efforts et de patience, réunis à une connaissance profonde de la géométrie et de la mécanique, et les Égyptiens modernes sont si loin de posséder les qualités de leurs pères, qu'on trouve plus simple d'imaginer des génies doués d'une puissance surnaturelle, que de chercher à concevoir comment des hommes ont pu entreprendre et terminer des travaux qui semblent excéder toutes les forces humaines. Ces restes d'antiquités sont extrêmement dégradés; ils accusent les mains barbares qui les mutilent; ils témoignent aussi en faveur des anciens historiens, car la vue de ce qui existe confirme les traditions. D'un autre côté, ils offrent aux hommes une grande leçon, en leur montrant le sort réservé à toutes les choses de la terre. Enfin, ils sont pour ainsi dire l'ébauche de l'histoire et des mœurs antiques; ils nous apprennent jusqu'à quel point les Égyptiens avaient poussé leur habileté dans les sciences et dans les arts.

« Nous voici maintenant, continua M. Roland, sur cette plaine fameuse des momies, qui, sur une surface d'environ trois lieues de diamètre, n'offre qu'une couche immense de sable de six pieds d'épaisseur recouvrant un fond de roche. C'était dans cette plaine que les habitants de Memphis creusaient leurs tombeaux, dont l'entrée ne consistait qu'en une ouverture ronde, d'une coudée de diamètre; par cette entrée difficile, on descendait dans un caveau divisé en divers compartiments. Chacun de ces compartiments renfermait un certain nombre de niches destinées à recevoir les cercueils des momies.

— Je suis né en Égypte, s'écria le jeune Edmond en interrompant M. Roland, et je n'ai jamais su, que d'une manière très-confuse, pourquoi les Égyptiens prenaient tant de soin pour la conservation de leurs corps, ni même de quels procédés ils se servaient pour atteindre ce but.

—Vous me demandez, répond M. Roland, pourquoi les Égyptiens cherchaient à donner à leur dépouille mortelle le plus de durée possible. La raison en est simple : c'est qu'ils croyaient, comme l'ont fait plus tard les Stoïciens, que l'âme ne vivait pas plus que le corps, ou qu'au bout d'un temps déterminé, elle revenait l'animer une seconde fois et le rendre immortel comme elle; au lieu que l'âme, dont le corps avait péri, revenait sur la terre avec un corps nouveau, soumis, ainsi que le premier, à toutes les misères de la vie humaine. C'était pour cela qu'ils abhorraient la mer fertile en naufrages, qui laissaient les corps sans sépulture.

« Nous voici naturellement arrivés à parler de l'embaumement des momies. Aussitôt qu'un homme avait rendu le dernier soupir, Hérodote est ici mon garant, les femmes de la famille se barbouillaient le visage et la tête de poussière et de boue; et tandis que la moitié des parents restaient auprès du cadavre, elles s'en allaient avec l'autre moitié courir les rues de la ville, les cheveux en désordre et poussant des cris et des hurlements. On procédait ensuite à l'embaumement, ce qui se pratiquait de plusieurs manières, suivant le prix qu'on voulait ou qu'on pouvait y mettre. Quand on était d'accord, les opérateurs commençaient par vider le crâne, au moyen de crochets de fer qu'ils introduisaient par les narines; ils remplaçaient les matières qu'ils avaient enlevées par des drogues qu'ils faisaient entrer par la même voie. Cela fait, par une ouverture faite au côté avec une pierre d'Ethiopie, tranchante comme un rasoir, ils ôtaient les intestins, après quoi ils lavaient la plaie et le corps avec du vin de palmier et des eaux odorantes, en remplissaient toutes les cavités avec de la myrrhe en poudre, de la casse et d'autres substances, salaient le cadavre avec du nitre, et le tenaient couvert durant soixante-dix jours. Au bout de ce temps, ils l'entouraient, ou, pour mieux dire, l'emmaillottaient avec des rubans ou bandelettes de toile, et ils l'enveloppaient dans un linceul de soie, sur lequel ils répandaient de la gomme. Ils le livraient en cet état aux parents, qui l'enfermaient dans un cercueil de bois, et le plaçaient dans un lieu solitaire de leur maison, d'où on ne le retirait que pour le transporter à la plaine des momies.

« Au récit d'Hérodote, qui s'est trouvé confirmé par l'ouverture de plusieurs momies, Diodore de Sicile ajoute qu'avant de procéder à l'ouverture du corps, l'un des opérateurs traçait les dimensions et la forme que devait avoir l'incision. Cette incision n'était pas plutôt faite, que celui à qui elle était due se prenait à fuir de toutes ses forces, parce que les assistants le poursuivaient en lui jetant des pierres et en l'accablant de malédictions et d'injures. On regardait comme impie et méprisable celui qui portait sur un mort des mains sacriléges, et par ce simulacre de poursuite, les Égyptiens rendaient hommage à leurs principes de respect pour les morts.

« Les embaumeurs procédaient avec tant d'adresse et de soin, que tous les membres restaient entiers, et que la tête conservait les cheveux, la barbe et jusqu'aux cils des paupières. Souvent ils couvraient le visage d'une espèce de masque formé de plusieurs doubles d'une étoffe légère de soie, qui, s'appliquant exactement sur la figure, en conservaient la ressemblance parfaite. Les bandelettes étaient de toile de lin ; on eût regardé l'emploi de la laine comme une espèce de profanation. La manière ordinaire de s'en servir consistait à les passer en une infinité de doubles autour du cadavre, en commençant par la tête et en descendant par-dessus les bras, qu'on tenait allongés sur les côtés, et successivement sur les cuisses et les jambes jusqu'aux pieds, de sorte qu'une momie a l'apparence d'un bloc sans bras ni jambes ; les cercueils étaient construits d'une façon analogue ; toutefois, on donnait à la partie inférieure la forme d'un piédestal, afin que les cercueils se tinssent debout. Ces cercueils étaient presque toujours couverts de peintures et d'hiéroglyphes. Quelquefois on trouve avec les momies des rouleaux de toile, où sont tracés divers caractères, et des idoles à tête d'épervier ou de chien, de terre cuite, de pierre, de bois ou de métal. Abdallatif prétend qu'on trouvait de son temps quelques momies ayant des feuilles d'or très-minces sur le nez, sur les yeux et sur le front ; plus d'une fois même, des feuilles pareilles couvraient le corps tout entier ; d'autres momies avaient des anneaux précieux passés aux bras ou aux doigts des mains. Ce sont ces découvertes, que font les Arabes de temps en temps, continue Abdallatif, qui les entretiennent dans leur convoitise et les poussent à mutiler et dévaster tous les monuments. Quand ils ne trouvent ni or ni bijoux, ils enlèvent la toile qui forme les enveloppes. On a vu des momies dont l'enveloppe se compose de mille tours d'une toile très-fine.

« Ils enlèvent jusqu'à la substance qui a servi pour les embaumements ; ils l'appellent *moumia*, et ils la recueillent avec soin pour la vendre ; ils la tirent au moyen d'incisions, de la tête, de la poitrine et du ventre. Cette substance, noire comme le bitume, fond à la chaleur, bouillonne sur le feu et répand une fumée semblable à celle de la poix blanche. Les anciens Égyptiens tiraient la moumia du lac Sirbon et du lac de Nitrie. Ils en avaient aussi une espèce qui jaillissait liquide des montagnes, mêlée avec l'eau, et se coagulait à l'air comme la poix minérale.

« La manière de préparer les momies, nous enseigne Plutarque, n'était pas toujours la même. Souvent avant d'embaumer le corps, on l'exposait après l'avoir vidé à l'action brûlante du soleil. On jetait les intestins et le cerveau dans le fleuve; fait difficile à concilier avec la croyance générale qu'à l'époque déterminée pour la résurrection, l'âme était obligée de rentrer dans le corps. C'était probablement pour que la résurrection fût parfaite, qu'on conservait tout ce qui avait appartenu au corps du défunt, et qu'on plaçait auprès de la momie un vase contenant le résidu de toutes les matières qui avaient servi à l'embaumement. Pourquoi n'usait-on pas de la même précaution pour les intestins? les anciens historiens nous ont transmis le fait, mais ils n'en indiquent pas le motif.

« Voilà, je crois, tout ce qu'on peut dire de plus certain sur les momies et l'embaumement. Revenons maintenant aux excavations de la plaine des momies, si toutefois je retrouve le fil de mes idées.

—Heureusement, dit Firmin en riant, il n'en est pas de ce fil comme de celui des trois vieilles fileuses qui, une fois coupé, ne pouvait plus se renouer; vous en étiez resté, si je me trompe, au moment où le corps avait été déposé dans le caveau.

— C'est cela, répondit M. Roland; je reprends ma phrase.

« Quand le corps avait été déposé dans le caveau, on bouchait le trou qui servait d'entrée avec une pierre de même dimension, et on recouvrait la pierre de sable. On assure que, pour retrouver ces trous, les Égyptiens avaient des signes de reconnaissance d'une extrémité de la plaine à l'autre extrémité, et que, sur la ligne droite qui passait par ces deux signes, ils mesuraient par coudées et par doigts, la distance à laquelle le puits avait été pratiqué. »

Il y avait à peine quelques minutes que nos voyageurs étaient entrés dans la plaine, et déjà plusieurs Arabes s'étaient offerts à eux pour leur indiquer un puits vierge, c'est-à-dire qui n'a jamais été ouvert. Firmin était tenté de se livrer à la bonne foi de ces Arabes. « Gardez-vous bien, lui dit Edmond, de donner dans le piége. Ils vous disent que le puits n'a jamais été ouvert, et ils y sont descendus mille fois. Vous y trouverez une momie, mais ce sera quelque momie commune qu'ils auront tirée d'ailleurs. Ces Arabes vivent dans cette plaine; ils font métier de spéculer sur la crédulité des voyageurs. Si vous vous sentez encore disposé à vous enfoncer dans des lieux privés de lumière, il vaut mieux remonter vers Abousir, et nous y trouverons le *Puits-des-*

*Oiseaux*. J'y suis entré une fois, et franchement, le plaisir qu'on peut y avoir ne vaut pas la peine qu'on prend pour y descendre.

— Eh bien, répondit Firmin, je me contenterai de la description que vous allez m'en faire.

— Figurez-vous une petite pièce à peu près circulaire dans laquelle on s'introduit par une ouverture qui n'a pas vingt pouces de diamètre. Cette pièce est toute percée de portes qui servent d'entrée à autant d'allées qui courent en tous sens, se coupent, se croisent, s'entrelacent, et offrent mille occasions de s'égarer si on s'y engage sans le secours d'un cordon comme dans le labyrinthe de Crète. J'ai ouï dire que c'était dans ces allées qu'on déposait les momies de tous les oiseaux, tant de ceux qu'on nourrissait dans les temples, que de ceux qui appartenaient à des particuliers. Toutes ces momies sont renfermées dans des pots de terre surmontés d'un couvercle; on en a tiré par milliers, mais il en reste encore.

— Il faut convenir, dit Firmin, que ces Égyptiens tant vantés, s'ils n'ont pas fait preuve de beaucoup de sagesse en creusant ces vastes excavations pour y déposer leurs oiseaux, ont fait preuve au moins de beaucoup de patience; car il en a fallu un fonds inépuisable pour faire sortir par ce petit trou toute la roche qui remplissait l'excavation. Au fond, ce lieu-ci n'était pas trop mal choisi pour en faire le séjour des morts. Ces habitations et cette campagne étaient bien faites pour de tels hôtes. Une plaine sans maisons, sans arbres, sans eau, sans verdure, sans un brin d'herbe, toute couverte d'un sable fin que le moindre vent vous jette dans les yeux! et puis, ces débris de cercueils, ces ossements épars, quelques pierres sépulcrales, ces pyramides qu'on voit aux deux extrémités, au nord et au midi! ah! je ne crois pas que rien au monde puisse être plus triste que la plaine des momies.

— C'est pourtant à cette plaine, qui vous semble si triste, dit M. Roland, que les Grecs avaient donné le nom de Champs-Élysées. Elle était alors séparée de la ville par un lac dérivé du Nil; les Grecs ont fait de ce lac le fleuve Achéron. Le Cocythe au nord, le Léthé au midi étaient deux canaux qui traversaient la plaine de l'est à l'ouest. La fable grecque des Champs-Élysées, du Tartare et de ses fleuves, des dieux infernaux et du jugement des morts par Minos, est d'origine égyptienne. « Quand on voulait ensevelir une momie, dit l'historien Diodore, les parents du mort avertissaient les juges par cette formule : Tel va passer le lac. Les juges, au nombre de quarante, se réunissaient sur la rive méridionale dans un bâtiment destiné à cet usage, et le corps était amené devant eux après avoir traversé l'eau dans une barque dont le batelier portait le nom de Caron. Il était per-

« mis à toute personne d'accuser le défunt. Si « les plaintes paraissaient fondées, le mort res- « tait privé de sépulture. Si le jugement était fa- « vorable, ou s'il n'y avait pas d'opposition, on « procédait à l'inhumation sans délai. C'est de « là qu'Orphée a pris la fable des Champs-Ély- « sées, de la barque de Caron, du jugement de « Minos. Il y a auprès de Memphis, dit ailleurs « le même historien, une campagne délicieuse et « un lac dont les bords sont couverts de plantes « aromatiques. »

« Il est difficile de déterminer l'emplacement qu'occupait la campagne délicieuse, à moins que ce ne fût entre le lac, la ville et le Nil, car ce nom n'a jamais pu convenir à la plaine des momies. Quant au lac auquel les plantes aromatiques qui croissaient sur ses bords avaient fait donner le nom d'Achéroès à Limné, lac d'Achéruse, on ne peut douter qu'il n'existât entre la ville et la plaine, puisqu'il fallait le traverser pour aller aux tombeaux. Pour ce qui est des plantes aromatiques des bords du lac désigné par Diodore sous le nom d'Achéroès, il est probable que c'était la même plante que ces roseaux odorants que les Israélites employaient dans la composition de leurs parfums. En ce qui concerne la coutume de juger les morts, je crois qu'il est douteux qu'elle existât encore au temps d'Orphée, quoique son voyage remonte, dit-on, au treizième siècle avant

Jésus-Christ; ou du moins en supposant vrai ce voyage, elle ne dut pas exister longtemps encore, puisque l'athée Chéops, successeur, suivant Hérodote, du Pharaon-Rampsinite, qui, lui-même, l'était de Prothée, contemporain de Ménélas, fit fermer les temples et prohiber toutes les pratiques du culte. Un usage tout fondé sur les principes religieux ne pouvait pas survivre au renversement des autels. Au reste, on peut croire que, sous l'empire même de cette coutume, les rois et les grands ne furent jamais soumis que par forme au jugement du peuple. Quel juge aurait osé refuser la sépulture à un roi qui avait son fils pour successeur immédiat? »

Le surlendemain, vers le coucher du soleil, nos voyageurs arrivèrent à Fayoûm, où ils reçurent du vieux Mamlouk Mohammed l'accueil le plus amical; son grand âge ne lui permettait pas d'accompagner ses hôtes dans l'exploration qu'ils se proposaient de faire dans les environs, mais il leur donna un de ses fils qui avait été deux fois à Marseille et avait rapporté de la France l'idée la plus avantageuse. On commença par visiter la ville et ses environs. La ville, qui paraît avoir une population de douze ou treize mille âmes, est assez bien percée, mais ses maisons sont pour la plupart mal construites et d'un aspect désagréable. Il faut excepter cependant les anciennes habitations des Mamlouks, qui avaient fait de

Fayoûm leur résidence favorite. On y fabrique des toiles communes et l'on y prépare des cuirs assez estimés. Il y avait autrefois des colléges pour les musulmans des deux sectes de Schafeï et de Maleck ; les colléges existent, mais ils sont déserts, malgré les efforts du vice-roi, qui tente par tous les moyens de ramener dans le Fayoûm cette ancienne industrie qui, triomphant des obstacles, fit sortir une riche province du fond d'un marais insalubre, construisit des digues, creusa des canaux, assainit et dessécha le sol, éleva des villes et appela les colons étrangers pour jouir de cette contrée nouvelle. Le Fioûm, Fayoûm ou Faoumêh, produit le plus beau lin de l'Égypte, du blé, des dattes, des figues, du raisin, des légumes. Nos voyageurs virent la campagne coupée de canaux qui tous s'alimentent du Bahr-Joseph (canal de Joseph, probablement l'ancien *Acherusia*); l'eau ainsi distribuée entretient partout la fraîcheur et la fécondité. Suivant les traditions coptes, tous ces canaux furent creusés par les Israélites après la mort de leur patriarche. Alkodaï, cité par Macrisy, donne au Fayoûm trois cent soixante villages, sans compter la capitale ; ce dernier dit que le pays était très-fertile, parce que l'inondation s'y faisait sentir dès qu'elle arrivait à douze coudées, et qu'il n'y avait jamais excès, parce que les eaux surabondantes s'écoulaient par les canaux.

Le fils du Mamlouk conduisit nos voyageurs au village de Bijamouh, distant d'une demi-lieue; ils y virent une statue colossale de marbre rouge, sans tête et sans bras, mais encore debout sur sa base; elle a trente pieds de large sur la poitrine. Autour de ce colosse, il y a cinq autres statues moins grandes. Non loin de là, auprès d'un village nommé Bibig, ils remarquèrent un obélisque terminé en dos d'âne, et tout couvert d'hiéroglyphes sur ses quatre faces. Tous les environs de la ville sont semés de ruines. Il est très-probable que ces ruines appartenaient à Crocodilopolis, que les Romains appelèrent Arsinoé, et dans laquelle le crocodile était entretenu et honoré comme un dieu. Les prêtres regardaient cet animal comme l'emblème de la déviation des eaux du Nil par les canaux, et, par suite, de la fécondation des terres. Le nom arabe de Fayoûm est Medinet.

Après un jour de repos chez Mohammed, on partit pour aller visiter ce fameux lac Mœris, qui passait pour l'une des merveilles du monde; et il aurait mérité en effet cette distinction, si ce qu'en ont dit les historiens pouvait être, nous ne disons pas vrai, mais seulement vraisemblable. Avant de parler des exagérations des anciens historiens, M. Roland fit bien remarquer à ses jeunes élèves la position, la forme et l'étendue du lac, aujourd'hui désigné par le nom de Birk-el-Keroun. Ce lac peut avoir dix ou douze lieues de long sur trois dans sa plus grande largeur, ce qui donne une circonférence de vingt-cinq à trente lieues de tour. On peut juger, par la roche qui forme le bassin du lac de même que par la configuration de ses rivages, qu'il n'a pas été creusé de main d'homme. Toutefois il est à présumer que l'art a secondé ici la nature. Il a reçu les eaux du Nil par un canal long de plusieurs lieues. Les eaux stagnantes qui couvraient le pays environnant y ont été aussi amenées. Quant au conduit souterrain qui, suivant Hérodote, aboutissait à la Syrte d'Afrique, en passant derrière les montagnes voisines de Memphis, on n'en a jusqu'ici trouvé nulle trace, et il est possible que cet historien n'ait voulu parler que du Bahr-Belama, qu'on a souvent pris pour l'ancien lit du Nil.

Le nom de Birk-el-Keroun a été imposé au lac à cause du voisinage d'un vieux château, dont les ruines se voient encore à l'extrémité occidentale du lac, et dans lequel un visir nommé Keroun avait enfoui ses trésors. Cette tradition arabe a été recueillie par Vansleb. Ces ruines existent encore sous le nom de Kasr-Keroun.

Le Kasr-Keroun était un édifice isolé sans compartiments intérieurs, de soixante pieds de façade sur quarante de profondeur, précédé, à ce qu'on croit, d'un portique formé par deux colonnes. Comme il n'y a d'ailleurs nul vestige de labyrinthe ni de pyramide, Psckoke a pensé que cet édifice n'était qu'un temple. Quant au labyrinthe, si l'on peut s'en rapporter à Hérodote, qui prétend avoir vu l'intérieur qu'il place au-dessus des plus superbes monuments de la Grèce, il se composait de douze grandes salles voûtées sur lesquelles on avait pratiqué quinze cents chambres; il y avait sous les salles un pareil nombre de chambres. Les passages qui conduisaient des unes aux autres formaient d'innombrables détours. Les pièces souterraines étaient fermées aux étrangers, parce qu'on y déposait les momies du roi et qu'on y nourrissait les crocodiles sacrés. Les salles étaient entourées de colonnes de marbre. Les plafonds et les murs offraient un grand nombre d'inscriptions hiéroglyphiques et de sculptures. Le monument se terminait par une pyramide haute de deux cent quarante pieds (quatre cents selon Strabon) dans laquelle on entrait par des galeries souterraines. Du haut de cette pyramide, dit ce dernier, l'œil se promenait sur les combles des bâtiments qui formaient le labyrinthe. C'était comme une plaine toute couverte de pierres artistement taillées. Diodore dit que l'édifice de forme carrée n'avait que deux cent douze toises de circonférence. Il ajoute qu'un magnifique péristyle en ornait l'entrée et que cent soixante colonnes se voyaient au pourtour. La description de Pline enchérit sur celle d'Hérodote et de Diodore. Il prétend que c'était un temple du soleil, et que tous les dieux du pays y avaient une chapelle; puis il prodigue les portiques, les colonnades, les pilastres de porphyre, les statues, les ornements de tout genre; mais en vérité, quand on compare sa description avec l'état des ruines et ce qu'elles font présumer, on est tenté de croire que son imagination en a fait à peu près tous les frais. »

---

## CHAPITRE IX.

Le Haut-Saïd. — Siout. — Dgirgêh. — Abydus. — Les hiéroglyphes. — Denderah. — Tentyris. — Partie occidentale de Thèbes. — Esné. — Edfou.

Après un séjour de trois jours à Medinet ou Fayoûm, dans la maison du vieux Mohammed, la petite caravane partit pour la Haute-Égypte, augmentée du fils du Mamlouk, qui voulait absolument être de la partie, et de deux affranchis, qui n'avaient voulu accepter la liberté que Mohammed leur avait donnée pour prix de leur bonne conduite qu'à condition qu'il leur permettrait de continuer de le servir jusqu'à son dernier jour. La séparation avait été douloureuse; Mohammed avait pressé M. Roland dans ses bras; des larmes même avaient coulé de ses yeux. M. Roland et ses jeunes amis étaient de leur côté tout attendris de voir tant de reconnaissance dans le cœur de l'octogénaire.

La caravane arriva de bonne heure à Bénirouef, assez grande ville dont la fondation ne paraît pas remonter à des temps bien éloignés, mais ses environs sont très-fertiles et les terres bien cultivées, ce qui, pour ses habitants, vaut bien quelques siècles d'antiquité. De Bénirouef on gagna la ville copte d'Enès, que les Arabes nomment Ahnas, sur le canal de Menhi, construite sur l'emplacement de la ville d'Hercule, l'*Heracleopolis magna,* qu'il ne faut pas confondre avec l'Héraclée de Ptolémée à l'est de l'ancienne branche pélusiaque. On y adorait l'ichneumon.

Au-dessus d'Athnas, nos voyageurs rencontrèrent le village assez misérable de Bénhésêh, qui a peu à peu substitué ses chaumières de terre et de paille hachée aux édifices mutilés et abandonnés d'Oxyrrinque ; une colonne encore debout avec son chapiteau et une partie de l'entablement, qui semble avoir formé l'angle d'un portique ou d'un vestibule, et quelques colonnes de marbre que les Arabes ont transportées dans la mosquée de Bénhésêh, attestent seuls aujourd'hui l'antique magnificence de cette ville fameuse. Tous ses débris sont enfouis sous le sable. « Chaque jour encore, dit le fils du Mamlouk, les habitants voient quelque lambeau de territoire disparaître sous les torrents de sable qui coulent sans cesse de la Libye. Nulle part en Égypte ces empiétements ne sont aussi sensibles qu'à Bénbéséh : c'est le désert qui s'avance ; l'œil juge de ses progrès, et les Arabes épouvantés fuient vers le Nil, emportant avec eux les débris de leurs chaumières. »

Avant d'arriver à Minyéh, la caravane traversa le petit village de Taba, bâti des ruines d'une ville dont il est question dans les premiers temps de l'hégire. L'historien Abou-Sélâh prétend qu'elle avait pour habitants quinze mille chrétiens, qui ne voulaient souffrir parmi eux ni musulmans ni Juifs. Il ajoute que les habitants ayant chassé honteusement un percepteur que le calife Mérouan, de la race d'Ommeyâh, y avait placé, le calife irrité y envoya sur-le-champ des troupes qui, à leur tour, chassèrent les habitants et en tuèrent même un grand nombre. Depuis cette époque, cette ville ne s'est point relevée. Celle de Minyêh est grande et populeuse ; elle possède un riche territoire et une forèt de palmiers qui renferme quatre ou cinq villages. Nos voyageurs y remarquèrent une grande filature de coton que le vice-roi y a fait établir ; elle se sert de machines transportées d'Europe. On y fabrique aussi des jarres de terre, *bardaques*, qui ont la propriété de rafraîchir l'eau. Ce n'est pas pour les habitants un petit article de commerce. On croit que Minyêh occupe l'emplacement de l'ancienne ville de Cô, que Ptolémée suppose en face de Cynopolis, et dans laquelle on avait érigé un temple au dieu Anubis.

Immédiatement après Minyêh, on rencontre Kaïs, qui a remplacé l'ancienne Cynopolis de Strabon et de Ptolémée; Cynopolis était la capitale d'un nome où le chien était l'objet d'un culte exclusif. Elle s'élevait sur une île que formaient le Nil et le canal de Joseph; Kaïs a été bâti sur le bord du fleuve. Au-dessus de Kaïs, la montagne est toute percée de petites cellules qui servirent, dit-on, de retraite aux premiers chrétiens que les proscriptions et les supplices épouvantèrent.

Le village d'Aschmounein ne tarda pas à se présenter avec sa mosquée construite de débris antiques. En sortant du village, le Mamlouk conduisit nos voyageurs vers une éminence qui s'aperçoit à quelque distance. Ils n'y parvinrent qu'à travers des monceaux de débris et de ruines. « Sur cette éminence, dit M. Roland, s'élevaient naguère les restes d'un superbe portique. Le diamètre des colonnes, dont quelques-unes sont debout encore, est d'environ neuf pieds; leur hauteur, la base comprise, est de près de cinquante. L'architrave se composait de cinq grandes dalles, qui avaient chacune vingt-deux pieds de long. Cinq dalles formaient aussi la frise; les pierres de la corniche étaient d'une dimension encore plus grande; la seule qui existe offre une longueur de trente-quatre pieds. Toutes ces pierres sont d'un grès extrêmement fin, aussi beau que le marbre. Aucun ciment ne les liait entre elles; mais leurs surfaces extrêmement polies adhéraient fortement l'une contre l'autre. Sur plusieurs parties du portique on remarquait des globes ailés ; c'est un emblème qu'on voit presque toujours sur les monuments égyptiens. A deux cents pas du portique, il existe d'énormes blocs de pierre et un grand nombre de colonnes de granit, enterrées presqu'en entier sous le sable.

« Ces ruines, ce vaste portique, ajouta M. Roland, vous annoncent la ville de Mercure ou d'Hermès, la fameuse Hermopolis Megalêh. Les Coptes en attribuent la fondation à Ischmoun, l'un des fils de Mizraïm ; ce qui est certain c'est que les Arabes l'ont détruite ; car elle existait au commencement de l'hégire ; elle était même assez considérable, à ce que rapportent les Arabes eux-mêmes. »

A quelques lieues d'Aschmounein se trouve la ville de Manfalout, sur le bord du Nil. Léon l'Africain affirme que, d'après les ruines qu'il a vues, cette ville a dû être très-importante. Ces ruines consistaient en colonnes très-hautes, en portiques, en débris de temples, etc. On y trouvait même, en fouillant, des médailles d'or, d'argent et de plomb, portant d'un côté l'effigie de quelque Pharaon, et de l'autre des inscriptions hiéroglyphiques. Vansleb parle de Manfalout comme d'une des plus belles villes de l'Égypte, renfermant plusieurs manufactures de toiles de lin. Presqu'à ses portes, du côté du midi, on trouve un village appelé Beni-Adin, dont les habitants, industrieux et riches, avaient su, par leur union, résister à la tyrannie des Mamlouks et repousser leurs attaques. Ils bénissent aujourd'hui le gouvernement du vice-roi, qui les fait jouir d'une sage liberté. C'est là que commence la vallée d'Elouâh, qui s'étend vers l'occident; elle offre un coup d'œil d'autant plus agréable par sa fertilité, qu'elle se trouve au milieu d'une aride campagne de sable; on y rencontre les caravanes qui descendent de la Nubie. Il est probable que ce vallon a été formé par le dépôt des limons du Nil, poussés par le fleuve dans quelqu'un des anciens canaux qui conduisaient dans la Libye ses eaux surabondantes.

Nos voyageurs ne tardèrent pas à découvrir les minarets de Siout, l'ancienne Lycopolis (la ville des Loups). Cette ville est située à une demi-lieue du Nil, au pied d'une montagne aride, toute percée d'excavations profondes. Nos voyageurs allèrent visiter d'abord l'église des Coptes; c'est un édifice assez mesquin, quoiqu'un évêque y soit attaché. Ils se rendirent ensuite aux excavations qui paraissent évidemment avoir recélé autrefois des momies. Quelques-unes sont ornées de sculptures bien conservées; mais il n'est pas douteux que, dans les premiers siècles de l'Église, plusieurs de ces chambres sépulcrales ont servi d'asile à de pieux solitaires ; on le reconnaît aux petites niches qu'ils y avaient pratiquées, aux peintures qui représentent des croix, et à quelques inscriptions qui les accompagnent. Les environs de Siout sont beaux et bien cultivés ; ils doivent leur fertilité au canal d'Abou-Assi, qui parcourt la vallée et lui prodigue en tout temps le bienfait de ses eaux. Cette ville, assez grande et peuplée d'environ dix mille âmes, passe, tant par son commerce que par les produits de son sol, pour la plus importante du Haut-Saïd ; elle est chef-lieu de préfecture. Nos voyageurs y remarquèrent le bazar, vaste et bien pourvu de toute sorte de denrées. Son mur d'enceinte est tout construit de débris d'anciens édifices.

Comme la journée qui devait conduire la caravane à Dgirgêh était fort longue, on résolut de prendre un jour de repos à Siout, et l'on n'en partit que le lendemain au milieu de la nuit.

« Dgirgêh, dit Aben Mohammed, est une ville assez moderne, dont la construction ne remonte pas au delà de la conquête. Il y avait aux environs un grand monastère qui avait pour patron saint Gergeh (saint Georges). Comme Dgirgêh se trouve à distance égale de Sienne ou Assouan et du Caire, et que le pays abonde en légumes et en volailles, les caravanes du Darfour ne manquent jamais de s'y arrêter. Malheureusement le Nil baigne les murailles de la ville, et tous les ans la crue y cause des dégradations qu'on répare assez mal, de sorte qu'on peut craindre que les eaux ne finissent un jour par la renverser. Ce petit village que vous avez sous les yeux à côté de Dgirgêh s'appelle Menchych el Ménédich. On y voit beaucoup de ruines. Si vous voulez vous en rapprocher, vous remarquerez tout le long du fleuve un ancien revêtement avec rampes à gradins par lesquelles on descendait à deux grands bassins, dont on voit encore l'enceinte quand les eaux sont tout à fait basses.

« Ces bassins étaient le port de Ptolémaïs, dont les Lagides voulaient faire la capitale de la Haute-Égypte. Mais quoiqu'elle eût acquis en fort peu de temps une grande population, elle n'eut pas beaucoup de durée. On lui avait donné le surnom d'*Hermou*, à cause du culte qu'on y rendait à Mercure ou Hermès. »

A très-peu de distance de Dgirgêh, nos voyageurs traversèrent le triste village de Madfounêh, qui s'est élevé sur les ruines, longtemps ensevelies sous le sable (1), de la ville jadis fameuse d'Abydus, que Strabon nomme, pour son importance, immédiatement après Thèbes. Nos voyageurs, munis de flambeaux, visitèrent l'intérieur d'un palais que les sables recouvrent presqu'en entier. Tout ce bâtiment est très-bien conservé, grâce à ce

(1) C'est de là que le village a pris son nom; Madfounêh signifie *ville enterrée*.

que les Arabes ne l'avaient point découvert. Les hiéroglyphes qui tapissent les murs sont sculptés avec soin, et nos voyageurs admirèrent surtout l'extrême vivacité des couleurs employées dans les peintures qui ornent ce monument.

« C'est parmi les ruines d'Abydus, dit M. Roland, que M. Bankes a trouvé en 1818 un bas-relief consistant en plusieurs rangs de cartouches, où l'on prétend trouver une table chronologique de tous les anciens Pharaons, d'après l'interprétation donnée par M. Champollion. M. Drovetti a fait aussi à Madfounêh une ample moisson d'antiquités égyptiennes ; mais rien ne serait aussi précieux que le bas-relief de M. Bankes, si l'interprétation qu'on en a faite pouvait être regardée comme rendant exactement le sens des hiéroglyphes, car on aurait alors un véritable monument historique qui pourrait servir à déterminer bien des points douteux et controversés ; mais je doute que jamais on parvienne à lire les hiéroglyphes d'une manière tellement positive qu'il ne reste plus de place pour l'incrédulité.

« Saint Clément d'Alexandrie, continua M. Roland, bien plus près que nous de la vieille Égypte, ne croit pas que l'intelligence des hiéroglyphes devienne jamais possible. Il en compte de trois sortes : les figuratifs, les symboliques et les phonétiques ou euphoniques. Les premiers, dit-il, indiquent la chose dont on veut parler par la représentation de cette chose, comme si on dessine un arbre pour exprimer le mot arbre; les seconds peignent une idée par la représentation d'un objet qui a du rapport avec cette idée, comme si, voulant dire qu'un homme est sanguinaire et cruel, on peint un tigre ou un hippopotame; les troisièmes indiquent l'objet qu'on veut désigner par le son que rend le nom de l'objet qu'on met sous les yeux, comme si, voulant désigner un homme qui s'appelle Corneille, on dessine une corneille. Mais, se demande saint Clément, est-il possible d'entendre parfaitement les signes de ce dernier genre; quand on ignore complétement l'idiome de ceux qui les employèrent? On peut à la rigueur expliquer les signes de la première espèce, ne fût-ce que par induction; encore faut-il être sûr que le signe est simplement figuratif et n'est pas symbolique ou phonétique, car un signe peut avoir les trois caractères. Ainsi la figure qui représente un tigre peut signifier un tigre, animal, un homme qui a le caractère du tigre, ou un homme dont le nom est Tigre. D'ailleurs on ne peut guère douter que le sens attaché aux divers signes n'ait été un sens convenu entre ceux qui s'en servaient; ce qui doit encore augmenter la difficulté. Et certes, quand on voit des hommes versés dans les langues anciennes traduire quelquefois le même passage d'une manière non-seulement différente, mais encore opposée, on peut bien avoir quelques doutes sur l'exactitude de la traduction des hiéroglyphes, surtout quand il est bien avéré que la langue des anciens Égyptiens est entièrement perdue. Prétendre lire les hiéroglyphes, ceux au moins de la troisième espèce, c'est, comme dit Plaute, vouloir blanchir de l'ivoire avec de l'encre.

*Unâ operâ ebur atramento candefacere postulas.* »

Tout en discutant sur les hiéroglyphes, nos voyageurs arrivèrent au village de Haw ou de Hou, l'ancienne *Diospolis parva*. Ce village avait des beys sous la domination turque, et quelques-uns ont tenté de se rendre indépendants, mais leurs entreprises ont toujours échoué. Le bey de Hou jouissait de grands priviléges ; il n'était tenu que de payer un certain nombre de bourses, et il ne rendait aucun compte de l'impôt qu'il levait à son gré.

A quelques lieues de Hou, on trouve le village de Denderâh, non loin du Nil, et à une demi-lieue des ruines de Tentyris, que les historiens arabes nomment *Nikantori*. Cette ville, célèbre par son temple et par son zodiaque, avait été construite sur un plateau de la chaîne libyque ; on dit qu'au temps de la crue, les eaux du Nil arrivaient jusqu'au pied des murailles.

A peine arrivés à Denderâh, nos voyageurs se dirigèrent vers les ruines, laissant leurs équipages à la garde des deux affranchis de Mohammed et de leurs propres serviteurs. Ils remarquèrent d'abord une très-grande porte, formée de blocs énormes, tout chargés d'hiéroglyphes. A travers cette porte, ils aperçurent le temple fameux qui ne le cédait en grandeur qu'à celui de Thèbes, et qui le surpassait de beaucoup par la pureté du style, la beauté des proportions et la délicatesse du travail. Cet édifice, le mieux conservé de l'Égypte, a un caractère majestueux qui d'abord étonne, ensuite plaît et attache.

« C'est ici, s'écria M. Roland avec une sorte d'enthousiasme, que nous devons chercher le véritable type de l'architecture égyptienne parvenue à son plus haut degré de perfection. C'est un genre simple et grave où toutes les parties, dirigées vers un but unique, sont disposées de manière à concourir à la beauté du monument. Toutefois, les ornements n'y sont pas épargnés, et les bas-reliefs forment eux-mêmes des chefs-d'œuvre particuliers; mais comme, vus d'un peu loin, ils sont presque imperceptibles, ils ne nuisent pas à l'ensemble : leur effet se fond, pour ainsi dire, avec l'effet général que l'aspect du monument doit produire. Il paraît, au surplus, que les anciens Égyptiens avaient adopté des règles de convention suivant lesquelles une figure exprimait, par sa pose et son attitude plus que par sa physionomie toujours muette, l'idée de l'architecte et la nature du monument. Il semble que le sculpteur devait se renfermer dans un cercle déterminé, et donner à sa statue quelque attitude convenue, capable de rendre l'idée attachée à cette attitude. Ces figures sont toutes entourées d'hiéroglyphes, formant probablement des explications; d'autres hiéroglyphes couvrent les murailles et les plafonds, et servaient d'inscriptions aux peintures. Ces tableaux représentent des cérémonies religieuses, des usages nationaux, des procédés mécaniques, des scènes d'agriculture. Les plafonds offrent principalement des représentations de corps célestes. Toutes les peintures sont distribuées avec goût et le plus souvent accompagnées de gracieuses arabesques. Le grand zodiaque, transporté à Paris en 1821 et acheté par le roi, était attaché au plafond d'une grande salle bâtie sur le comble du temple. Ce zodiaque est actuellement déposé à la bibliothèque royale. »

Nos voyageurs observèrent que le sanctuaire du temple ne reçoit du jour que par la porte. Encore cette porte se trouve-t-elle dans une pièce très-peu éclairée, ce qui leur fit penser que les cérémonies religieuses n'avaient lieu, dans ce temple, que la nuit, à la clarté des flambeaux; cela est assez probable. Les habitants rendaient un culte particulier à Isis; la plupart des peintures du temple ne sont que des représentations de cette déesse, et l'on sait que son culte avait des mystères qui ne se célébraient que dans des lieux privés de lumière.

On trouve, parmi les ruines, des ustensiles de terre cuite et des médailles romaines. Cela prouve que Tentyris n'a été détruite ou abandonnée que dans les derniers temps de l'empire.

Après avoir visité avec soin les restes de Tentyris, nos voyageurs se remirent en marche; ils voulaient arriver le même jour à Medynet-Abou, mais la nuit les ayant surpris en route, ils s'arrêtèrent au village de Gémounti, qui en est éloigné de trois ou quatre lieues. Le lendemain, à neuf heures du matin, ils se trouvaient en face des deux colosses assis, dont l'un passe mal à propos pour la statue harmonieuse de Memnon.

« Il y a quarante ans, dit M. Roland en joignant les mains, c'était sur la rive droite du fleuve, j'accompagnais le brave Desaix, poursuivant les Mamlouks dans le Saïd; il y a quarante ans, et ce que j'éprouvai avec toute l'armée à l'aspect des ruines de Thèbes, je le ressens encore : l'armée s'arrêta spontanément, et par un second mouvement simultané, elle battit des mains avec enthousiasme. Tel est, sur le cœur de l'homme, l'irrésistible ascendant de tout ce qui est grand et majestueux, de tout ce qui eut besoin de force pour sortir du néant, de tout ce qui réveille d'antiques et glorieux souvenirs. En apercevant ces ruines colossales, chacun de nous, sans doute, fit intérieurement la comparaison de sa propre faiblesse et de la puissance qui avait triomphé des obstacles. De cette opération secrète de l'esprit naquit ce sentiment subit d'admiration qui eut besoin d'éclater.

« Pour moi, j'avoue que l'admiration ne me coûta rien, parce que l'aveu que je me faisais de ma petitesse devant cet ouvrage de géants ne m'humiliait point. Je goûtai même un sentiment très-vif de plaisir, en me sentant vivre, lorsque tout, en face de moi, me parlait du passé. J'étais en quelque sorte l'homme de Lucrèce, qui, tranquille sur le rivage, contemple la mer agitée et le vaisseau battu par la tempête. Ce n'est pas qu'on se réjouisse du mal d'autrui, mais il est doux de se voir à l'abri des dangers qui menacent les autres. C'est de l'égoïsme, direz-vous ; mais cet égoïsme, nous l'avons tous.

*Non quia vexari quemquam est jucunda voluptas*
*Sed quibus ipse malis cares quia cernere suave est.*

« Mon imagination exaltée faisait rétrograder les limites de ma propre vie, traversait rapidement les âges ; je comptais trois mille ans d'existence. Mais lorsqu'ensuite mes yeux se tournèrent vers l'avenir, l'avenir qui dévore tout ; lorsque je dis : Thèbes n'est plus, et dans quelques siècles ces ruines même ne seront que poussière ; Thèbes fut une cité populeuse, et ses habitants ont passé comme une ombre ; de tous ces sentiments divers que j'éprouvai, il se forma un sentiment vague, confus, indéfinissable, qui, encore aujourd'hui, me plaît et m'attriste, m'élève et m'abaisse, m'inquiète et m'attache.

— Tout ce que vous dites-là, répondit Firmin, je le sens.

— Et moi je le sens aussi, dit Edmond, mais je ne saurais l'exprimer ; voici la troisième fois que je vois Thèbes, et j'ai toujours éprouvé les mêmes sensations, seulement plus vives de l'autre côté du Nil.

— C'est qu'en effet, reprit M. Roland, c'est sur la rive droite qu'est réellement Thèbes ; nous n'avons guère ici que sa Nécropolis et ses catacombes royales. Medinet-Abou, misérable amas de chaumières, tient la place du *Memnonium ;* des hordes d'Arabes sauvages habitent les vastes grottes sépulcrales de la chaîne libyque. Quand nous redescendrons par la rive droite, nous verrons Karnak et Louksor ; examinons maintenant ce que nous avons sous les yeux.

« Ces deux colosses ont été construits d'un seul bloc, dans la proportion d'une taille de cinquante-cinq pieds. Voyez-les de près, considérez-les attentivement. Vous ne trouvez d'abord aucune grâce dans leur attitude, aucune expression dans leur physionomie ; mais le sculpteur a su leur donner ce caractère qu'on peut appeler monumental, sorte d'immobilité impassible qui, à la longue, impose et produit un effet d'autant plus marqué, qu'il a été plus lent à se faire sentir. C'est entre ces deux colosses assis, qu'Hérodote et Strabon indiquent la place de celui d'Osymandias, le plus grand de tous. On dit que cet ancien roi de Thèbes (qui ne se trouve pas, sous ce nom du moins, dans les dynasties de Manéthon), glorieux de ses exploits et de sa puissance, fit graver sur le piédestal de la statue qui le représentait une inscription fastueuse dans laquelle il se vantait que le temps ne pourrait détruire le monument qu'il venait d'élever. Douze ou quinze cents ans plus tard, Horace disait la même chose en parlant de ses vers, monument plus durable que l'airain :

*Exegi monumentum œre perennius....*

« Le poëte, après dix-neuf siècles, vit encore dans ses ouvrages; il n'est pas mort tout entier : *non omnis moriar*, comme il le disait lui-même; et tant que le goût de la belle poésie ne sera pas éteint, le nom d'Horace ne sera prononcé qu'avec respect et enthousiasme. Mais Osymandias, qu'était-ce? que reste-t-il de lui? un nom fabuleux, que les savants eux-mêmes ne savent à qui donner; un nom qui ne doit qu'à la mention qu'en a

P. 212

Colosses de Thèbes

faite Diodore de Sicile l'honneur d'arriver jusqu'à nous ; un bloc de granit, gisant sur le sol, tellement mutilé, qu'il ne conserve aucune forme humaine. Ce colosse, qui pesait sur la terre et semblait défier le ciel, fut abattu par ordre de quelque prince jaloux de sa gloire ou irrité de son orgueil.

« Ces deux colosses encore existants, assis, les mains sur les genoux, supportant un grand nombre de figurines assez délicatement sculptées, représentent, dit-on, la femme et la fille d'Osymandias. Sur la jambe, et même sur le corps du premier qui s'offre à nous, vous voyez burinés une foule de noms. Ce sont des voyageurs de tous les âges et de tous les pays, depuis le temps des Pharaons jusqu'à nous, qui, prenant cette figure pour la statue sonore ou harmonieuse de Memnon, ont voulu associer leurs noms à l'espèce d'immortalité que le climat de l'Égypte assure à ce colosse, si la main des hommes ne le détruit pas (1). En reconnaissance du bien qu'ils attendaient du colosse, ils ont tous affirmé qu'ils avaient entendu résonner la statue au lever du soleil, lorsque les premiers rayons de cet astre tombaient sur elle. Sabine, femme de l'empereur Adrien, le dit ou le laisse croire. Lorsque Strabon visita le Memno-

(1) Cent ans, dit un écrivain du dix-septième siècle, font moins de ravage sur le sol de l'ancienne Thèbes, qu'une seule année à Londres ou à Paris.

nium, il avoue qu'il entendit un bruit harmonieux et métallique ou argentin, mais il doute si ce bruit est parti de la statue ou de quelqu'une des personnes qui se trouvaient auprès de lui. Il est probable que Strabon n'a pas voulu dire tout ce qu'il pensait du prodige; il savait très-bien qu'aucun de ces colosses ne pouvait être celui de Memnon, puisque, adoptant le sentiment d'Hérodote, il place lui-même la statue résonnante devant le palais ou temple du Memnonium, où nous allons bientôt nous transporter. Pockoke n'a point partagé l'erreur commune, et, malgré les nombreuses inscriptions qu'il a lues ou vues en plusieurs langues sur la jambe de ce premier colosse, il place le Memnon à un quart de lieue du point où nous sommes. Jablonski, au contraire, a écrit un gros volume pour prouver que le Memnon ou Aménophis est ici; mais s'il peut avoir raison sur la substitution *du nom* d'Aménophis à celui de Memnon, il se trompe, ou du moins je le crois, sur l'autre point. Ce Memnon fut, dit-on, un souverain de l'Éthiopie; mais quoique les Égyptiens soient originaires de cette contrée, il ne paraît pas qu'aucun roi d'Éthiopie, à l'exception de Sabacon, ait régné sur l'Égypte. Plusieurs écrivains ont cru reconnaître dans Memnon, Aménophis ou Phaménophis; d'autres le reconnaissent dans Sésostris; d'autres encore confondent Sésostris avec Osymandias.

« L'emplacement occupé par tous ces colosses se cultive aujourd'hui ; les eaux du Nil le couvrent tous les ans. Ou le lit du Nil s'est prodigieusement exhaussé, ou il faut croire qu'il exista jadis des quais et des digues qui retenaient les eaux captives. »

Après avoir examiné les colosses, nos voyageurs visitèrent un vaste édifice carré, à un seul étage, avec portes, croisées, balcons, escaliers. Ce fut un palais, non un temple. Les murailles extérieures sont ornées de sculptures qui représentent des guerriers poursuivant leurs ennemis, des triomphateurs suivis de captifs enchaînés. Dans l'intérieur, les hiéroglyphes abondent; ils sont tous profondément creusés sur les parois des murs. Les premiers chrétiens avaient converti en église une partie de ce palais ; on voit encore les colonnes qu'ils avaient ajoutées pour soutenir un toit. L'un des bas-reliefs du portique de ce palais représente une marche militaire et en même temps religieuse. Ce dessin prouve, sans réplique, que les anciens Égyptiens sacrifiaient des victimes humaines. Un guerrier paraît arrêté devant le grand temple de Thèbes. Après lui viennent des prêtres portant l'image du dieu sur un brancard ; le bœuf Apis marche ensuite, suivi de plusieurs personnes qui portent des étendards. Un enfant, les mains liées derrière le dos, est conduit par d'autres individus. Dans un second tableau, tout le cortége est devant un autel sur lequel la victime va être immolée. C'est ce qu'indiquent suffisamment le prêtre qui brise une fleur et un oiseau qui s'envole.

Au-dessus de Medinet-Abou sont les restes de l'édifice qu'on désigne par le nom de Memnonium, et que M. Champollion prétend être l'Aménophéon, c'est-à-dire le palais d'Aménophis. Cet édifice, temple ou palais, paraît beaucoup plus ancien que ceux de la partie orientale de Thèbes. La simplicité des constructions, la nudité des parties, le défaut d'ornements, l'irrégularité des proportions sont autant de présomptions d'antiquité. La porte d'entrée, d'une grande hauteur, est flanquée de deux môles carrés. Sur les murs intérieurs, on voit, très-grossièrement représentées, les actions d'un guerrier dont la taille excède vingt fois au moins celle de ses ennemis. A quelques pas de la porte, on aperçoit un colosse dont la largeur sur la poitrine est de vingt-cinq pieds. En tombant, il est resté couché sur le visage, un de ses pieds est détaché du tronc. L'exécution de ce colosse est aussi parfaite que celle du temple ou palais le paraît peu. Un mur d'enceinte règne alentour. Les bas-reliefs de ce mur représentent des guerriers, et les sculptures des portiques intérieurs représentent des prêtres. Dans l'espace circonscrit par ce mur, on voit encore beaucoup de colonnes entières, d'un très-beau style.

Du Memnonium, nos voyageurs se rendirent à Gournâh, ou pour mieux à l'ancienne Nécropolis de Thèbes, dont une peuplade à demi sauvage d'Arabes a converti les grottes sépulcrales en habitations. Les excavations occupent à peu près une lieue carrée; elles se prolongent même jusqu'aux sables de la Libye. Les sépultures royales ou crues telles sont au fond d'une longue vallée; elles se distinguent peu à l'extérieur des tombeaux ordinaires. On entre dans ceux-ci par une galerie que des piliers soutiennent. La galerie conduit à plusieurs chambres assez régulières. Ces chambres sont ornées de sculptures. Moins gênés sans doute dans l'exécution que lorsqu'ils travaillaient dans des temples, les sculpteurs ont déployé plus d'art et de talent, et la nature y est assez bien imitée dans les divers sujets qui tapissent les murs et les plafonds. Ce qui doit étonner, c'est que tous ces bas-reliefs soient aussi peu analogues au lieu où ils se trouvent. La plupart représentent des jeux, des fêtes, des danses et d'autres choses semblables; mais la présence des momies ne permet pas de douter de la destination de ces excavations, dont un assez grand nombre renferment plusieurs galeries qui aboutissent à des chambres ornées d'hiéroglyphes, d'où, par d'autres galeries, on arrive à des puits très-profonds. On descend dans ces puits par des trous pratiqués dans les parois en guise d'échelons. Au fond des puits sont d'autres chambres qui ont de nouveaux puits, qui conduisent à des chambres nouvelles ; on arrive enfin à une galerie ascendante extrêmement longue, qui se termine à une pièce ouverte placée à côté de l'entrée.

Là où la roche était peu propre à recevoir des sculptures, on en recouvrait la surface par une couche très-unie de mastic ou de stuc, et la peinture remplaçait le travail des sculpteurs. La plupart des tableaux représentent des convois funèbres. On y voit d'abord des prêtres portant sur des brancards les dieux de la contrée ; viennent ensuite des individus qui tiennent dans leurs mains des armes, des vases, des vivres, de petits coffres ; puis des femmes qui jouent de divers instruments, suivies d'autres femmes, pleureuses ou chanteuses. Comme le stuc a souffert de grandes dégradations, la suite de ces tableaux est souvent interrompue, mais il en reste assez pour laisser voir que les Égyptiens déployaient dans les convois beaucoup de magnificence.

On entre dans les sépultures royales par une simple ouverture, une fente du rocher, dénuée d'ornements, et livrée, pour ainsi dire, à la nature comme l'entrée d'une caverne. On remarque toutefois à la partie supérieure de cette porte la représentation d'un homme à tête d'épervier et un scarabée, enfermés dans un ovale. En dehors de l'ovale sont deux hommes en adoration. En général, les excavations consistent en une première chambre dont les murailles, revêtues de stuc, sont chargées de peintures (la voûte de cette pièce est surbaissée, sur les côtés sont des espèces de grandes niches); en une galerie qui conduit à la chambre où est le sarcophage; enfin en une autre chambre qui servait probablement à la célébration des cérémonies religieuses.

Les Arabes donnent le nom de Bab-el-Molouk (cour des rois) à la vallée où sont les tombes royales; et comme dans la plaine voisine on ne trouve pas le moindre vestige de bâtiments particuliers qui aient pu servir d'habitations, on croit que ces cavernes reçurent les premiers habitants de la Thébaïde, quand ils cessèrent de camper sous des tentes. Nos voyageurs, guidés par Aben-Mohammed, entrèrent dans une de ces grottes, où ils virent la statue d'un homme tenant à la main un sceptre. Une autre figure, peinte au plafond, tient pareillement un sceptre; elle a de plus de grandes ailes qui descendent jusqu'à ses talons. Les couleurs de cette peinture sont parfaitement conservées. A l'entrée de la chambre intérieure, ils remarquèrent quatre grandes statues d'hommes à tête d'animal; elles semblaient défendre l'approche du sarcophage ou veiller sur les restes qu'on y avait déposés. Sur chaque pilastre de l'intérieur, on a sculpté dans un cercle un homme à tête de bouc et une tortue.

« Voilà de bien singulières figures, s'écria Firmin ; ces anciens Égyptiens mettaient de l'hiéroglyphe partout ; car je ne doute pas que toutes ces figures n'eussent une signification.

— L'homme ailé du plafond, répondit M. Roland, c'est l'Hermès ou Mercure égyptien. L'homme à tête de bouc, c'est Jupiter-Ammon, le grand dieu de Thèbes, le premier Osiris qui, je crois, est le même que Cham, fils de Noé. Quant à la tortue, j'imagine qu'en Égypte, de même que dans l'Inde ancienne, elle est le symbole de la force. »

Pockoke a décrit une de ces grottes, qu'il suppose avoir servi en tout temps d'habitation ; nos voyageurs la cherchèrent, mais ne la trouvèrent pas. On y descend, dit Pockoke, par un escalier de dix marches, taillées dans le roc, et l'on entre dans une vaste pièce dont quatre piliers soutiennent la voûte. Cette première pièce paraît n'avoir servi que de passage, comme une antichambre, pour entrer dans une seconde pièce beaucoup plus grande ; deux rangs de colonnes en supportent la voûte. Tous les murs sont décorés d'hiéroglyphes. De cette salle, on descend par un second escalier dans une troisième pièce qui conduit à une galerie circulaire percée de plusieurs portes. Chaque porte donne entrée à une chambre dans laquelle est un puits par lequel on descend à d'autres chambres creusées par-dessous.

Nos voyageurs virent quelques sarcophages monolithes, longs de douze pieds sur huit, ornés d'hiéroglyphes sur toutes les faces, arrondis à un bout, carrés à l'autre, surmontés d'un couvercle qui s'emboîte dans une rainure. Ils remarquèrent aussi des plafonds peints en bleu avec des figures jaunes, et partout les hiéroglyphes disposés avec assez d'art pour former un ensemble agréable.

« Le plus célèbre de tous ces monuments funéraires, dit M. Roland, était le tombeau d'Osymandias. Je vous en parle, parce qu'il n'existe plus. Tout ce qui en reste, c'est la description qu'en a faite Diodore de Sicile, encore faut-il dire que cette description figurerait mieux dans un conte arabe que dans l'histoire. Que penser, en effet, du cercle d'or massif d'une coudée d'épaisseur, et de trois cent soixante-cinq coudées de circonférence, qui couronnait le tombeau? Pour rendre la merveille plus intéressante, on ajoute que ce cercle était divisé en trois cent soixante-cinq parties égales, indiquant les jours de l'année, le cours de tous les astres, les heures du lever et du coucher, etc. Ce conte égyptien, embelli par l'imagination grecque, peut être placé auprès de celui du colosse d'or massif d'une ville du Delta. Cambyse enleva ce cercle précieux dont la valeur serait de plusieurs milliards de notre monnaie, somme énorme que jamais l'Égypte n'a pu produire.

Le lendemain, continuant leur route, nos voyageurs passèrent par le village d'Arment, l'ancienne Hermonthis. Ils y virent les ruines d'un temple consacré au dieu Anubis. Auprès du temple, existe un grand bassin revêtu de dalles de pierre. On y descendait par quatre grands escaliers. Les fragments d'une colonne au milieu de ce bassin firent penser à nos voyageurs qu'il y eut là jadis un nilomètre. Les Arabes donnent au village d'Arment le nom de Belad-Moussa (contrée de Moïse). Ils ont trouvé dit-on, dans le pays, d'anciennes traditions qui font de ce lieu la patrie du législateur des Hébreux.

A quelques lieues d'Arment, la caravane trouva la petite ville d'Esnèh ou Asna, l'ancienne Latopolis, qui, s'il faut en croire Athénée, avait pour dieu un poisson du Nil, appelé Latos. On y admire le portique d'un ancien temple (1), composé de dix-huit colonnes d'un très-beau style. Sur le plafond est peint un zodiaque qui, parmi les figures dont il est orné, a des hommes à tête de crocodiles. Il est à présumer que ces figures remplaçaient les signes du verseau et des poissons qui indiquent la saison des pluies; il ne pleut pas en Égypte, mais les débordements périodiques du Nil remplacent les pluies, et le crocodile était

(1) Ce temple a été transformé en magasin de coton. N'en soyons pas trop surpris. Combien de monuments n'ont-ils pas été détruits en France depuis un demi-siècle!

regardé comme le symbole des crues du fleuve. « Cette ville d'Esnêh, dit Aben-Mohammed, compte quatre mille habitants, qui sont industrieux et adonnés au commerce; aussi Esnêh est-il le rendez-vous des caravanes du Darfour et du Sennaar. » M. Roland remarqua avec plaisir qu'on avait restauré l'ancien quai qui garantissait Latopolis du ravage des eaux. Il paraît qu'on y a employé les pierres de l'ancien temple de Contra-Sala, qui est sur la rive droite.

La caravane passa la nuit à Esnêh, et le lendemain de bonne heure, elle arriva au bourg d'Edfou, amas informe de chaumières jetées sur le sol de l'ancienne ville d'Apollon, l'*Apollinopolis magna*, fameuse par son temple superbe, dont les restes, en assez bon état, ont reçu des Arabes le nom de *Citadelle*. Cet édifice, dont les dimensions sont gigantesques sans cesser d'être nobles, se compose de plusieurs portes pyramidales, de cours décorées de portiques, de galeries supportées par des colonnes, de nefs couvertes par d'énormes blocs de grès. La porte principale a cinquante pieds d'élévation; les masses qui en forment le chambranle renferment un escalier par lequel on monte aux plateformes et aux terrasses qui servaient de toit aux galeries extérieures. Les habitants ont construit leurs chaumières dans les cours du temple, sous les galeries et jusque sur les combles. Asile de la misère et de la paresse, ces chaumières ne renferment que des malheureux; bâties sans goût et sans solidité, elles gâtent et dégradent tout ce qu'elles touchent, tout ce qui les entoure; et presque tous les ans, elles s'écroulent, laissant à leur place des monceaux de boue desséchée qui, peu à peu, s'emparent du sol et couvrent les restes majestueux de ces grands monuments de la puissance égyptienne, muets pour le Copte dégénéré, pour l'Arabe avide, pour le Fellah qu'abrutit la servitude.

« Une remarque, dit M. Roland, qui ne doit pas être perdue pour l'histoire de l'art, c'est que dans ce temple d'Edfou, le plus beau de l'Égypte, le fini de l'exécution dans toutes ses parties démontre qu'il fut construit dans les plus beaux siècles de l'ancienne Égypte. L'architecture en est plus belle, les hiéroglyphes mieux faits, les figures plus variées.

Il fallut encore trois jours de marche à nos voyageurs pour arriver jusqu'aux confins de l'Égypte, ces cataractes fameuses qui méritent si peu leur réputation. Ils ne rencontrèrent rien sur la route qui parût digne d'attention. Seulement ils virent en passant les ruines de Chénubis, qui consistent principalement en un bassin entouré d'un parquet et d'une galerie de colonnes en partie renversées. D'autres ruines, sur le bord du Nil, paraissent appartenir à un ancien quai. A deux lieues environ au-dessus de Chénubis, au pied de la chaîne libyque, existe un petit temple d'une très-haute antiquité; il est entouré d'une galerie tournante qui se terminait à deux portiques, aujourd'hui ruinés.

## CHAPITRE X.

Éléphantine. — Les cataractes du Nil. — Philœ. — Assouan ou Syène. — Ombos. — Silsilis, Loucsor, Kous, etc. — Route du Caire.

« Je ne crois pas me tromper, dit Firmin en s'adressant à son gouverneur; il me semble qu'au fond de la vallée, devant nous, je vois un rideau de verdure sortir du milieu des eaux; il me semble qu'à travers cette verdure, j'aperçois des masses noirâtres ou rougeâtres, et plus nous avançons, plus mon illusion, si c'en est une, se fortifie. Ne serait-ce qu'un effet d'optique, comme ce mirage dont vous nous parliez tout à l'heure, ce phénomène qui a tant de fois trompé nos soldats, en leur montrant dans le lointain un lac, un étang, une rivière, lorsque brûlant de soif, ils auraient donné pour chaque goutte d'eau un jour de leur existence; tout comme ils prenaient pour de l'eau les vapeurs légères de l'horizon réfractant les rayons du soleil, je puis prendre, moi, par quelque effet inconnu de lumière, pour des arbres ou des édifices, les vapeurs condensées sur le Nil.

— Vous ne serez pas aussi à plaindre, répondit en riant le gouverneur, que l'étaient nos pauvres soldats, devant qui cette eau tant désirée se retirait toujours à mesure qu'ils avançaient vers elle ; ce ne sont point des vapeurs que vous découvrez, ce sont bien des arbres et de somptueux édifices ; nous arrivons à l'île célèbre d'Éléphantine, qui fournit, suivant Manéthon, à l'ancienne Égypte une dynastie de souverains, et que les Arabes désignent par le nom de *Dgézir-el-Sag* (l'île fleurie), et que des voyageurs un peu complaisants ont bien voulu appeler le *jardin du Tropique.* »

Lorsqu'ils furent arrivés vis-à-vis de l'île, ils aperçurent au bord du fleuve un batelier qui attendait les voyageurs pour les transporter dans l'île. Cette occasion engagea M. Roland à visiter Éléphantine avant d'arriver aux cataractes. Les deux jeunes gens ne demandaient pas mieux ; ils répondirent par une acclamation de plaisir. Une demi-heure s'était à peine écoulée, qu'ils parcouraient déjà Éléphantine, cherchant la plus courte route pour arriver aux ruines du temple de Cneph.

« Cette île, dit M. Roland, a subi depuis les Pharaons vingt dominations étrangères, et chacune a voulu y laisser des traces de son passage. On reconnaît les constructions romaines aux débris de poterie, de briques, d'idoles de terre; les ruines arabes n'offrent que des tas de boue sèche, mêlée de paille et de feuillage; les édifices turcs ont disparu sans qu'il en reste aucun vestige : les monuments égyptiens vivraient encore tout entiers, si des mains de Vandales ne les avaient renversés. Il n'y a pas beaucoup d'années encore que le temple de Cneph s'élevait au milieu de l'île; il s'était conservé dans toutes ses parties; les seules dégradations sensibles qu'on y remarquait se trouvaient à un angle de la galerie extérieure. Ce temple était peut-être le plus ancien de l'Égypte; s'il est vrai, comme je le crois, que les Égyptiens sont venus de l'Éthiopie, il est naturel de penser qu'ils avaient bâti leur premier temple au premier lieu où ils s'étaient fixés. Tous les bâtiments accessoires avaient été déjà abattus; au milieu des ruines, on voyait les restes d'un second temple dont les ornements étaient accompagnés de l'image du serpent, emblème de Cneph, et ceux d'une galerie qui traversait plusieurs édifices et descendait jusqu'au Nil, où elle finissait en escalier. Eh bien! le grand temple a été démoli, et l'autre complétement ruiné pour en employer les pierres à la construction d'une caserne et d'un magasin à Syène!

« Les Romains, continua M. Roland, avaient

entouré l'île de quais; ils y avaient établi des thermes et d'autres édifices. Les Arabes, dans leurs fouilles, ne trouvent pas l'or qu'ils cherchent; ils déterrent des ustensiles de terre et quelquefois de cuivre. Au midi, l'île est défendue par un banc de roche contre la violence du courant; au nord, elle s'est considérablement agrandie par alluvion. Ces terres nouvelles, présent du Nil, sont extrêmement fertiles et donnent trois ou quatre récoltes chaque année. Pendant que l'armée de Desaix séjournait dans le Saïd, l'ingénieur Girard a cherché le nilomètre dont parle Strabon. Ce qu'il a trouvé, c'est un monument qu'il attribue aux Ptolémées, renfermant un étalon de la coudée égyptienne qui équivaut à dix-neuf pouces six lignes, longueur qui coïncide parfaitement avec celle que Newton avait déterminée d'après ses conjectures sur les dimensions des édifices égyptiens. »

La petite troupe s'était remise en route depuis environ une heure, lorsqu'au signal donné par M. Roland, les conducteurs arrêtèrent les montures en face du Nil, dont la surface paraissait un peu écumeuse. Firmin paraissait étonné, surtout lorsque, jetant les yeux sur son gouverneur, il le vit, un sourire malin sur les lèvres, les bras croisés et le regard tourné vers le Nil; et comme M. Roland gardait le silence, il le rompit le premier au bout de deux minutes. « Monsieur, lui dit-il, voulez-vous bien avoir la bonté de me dire ce que nous faisons ici; j'ai cru d'abord qu'il y avait quelque chose à voir, mais j'ouvre les yeux le plus grand que je peux, je dirige mes regards en avant, de côté, en arrière, et je ne sais rien découvrir.

— Comment? mon ami; ces torrents d'écume qui bouillonnent sur les eaux, s'élancent en l'air, et retombent en pluie, ce bruit assourdissant que vous entendez depuis ce matin, ces magnifiques nappes d'eau tombant en cascade, tout cela ne vous dit rien, ne vous apprend rien?

— Mais je n'entends pas de bruit assourdissant, je n'aperçois ni magnifiques nappes d'eau, ni.... ah! j'y suis, s'écria-t-il en s'interrompant lui-même. C'est là cette fameuse cataracte!

— Justement.

— Oh! qu'il faut déduire des belles descriptions que j'ai lues!

— Oui, voilà cette cataracte dont Cicéron, qui ne l'avait pas vue, fait une description à laquelle personne assurément ne la pourra reconnaître. Le fleuve, dit-il, tombe avec un bruit épouvantable du sommet de hautes montagnes, de manière à paralyser l'organe de l'ouïe chez les hommes qui habitent sur ses rivages. *Ubi se præcipitat ex altissimis montibus, ea gens quæ illum locum accolit, propter magnitudinem sonitûs, sensu audiendi caret.* Cette erreur de Cicéron était excusable, mais que dire de quelques écrivains modernes qui ont fait en Égypte un séjour de plusieurs années, et qui parlent d'abîmes, de précipices, de bruyantes cascades, de chutes immenses. Nous pouvons maintenant réduire les choses à leur juste valeur. Il existe en travers du lit du fleuve, de l'est à l'ouest, un banc de granit large de trois ou quatre mille toises ; cette barre, interceptant le cours de l'eau, la force de couler entre les pointes de la roche qui excèdent le niveau du banc. En plusieurs endroits, comme vous le voyez, il n'y a ni chute, ni saut, ni cascade; en d'autres, la chute est de quelques pouces, et la pente est partout si peu sensible, qu'on ne saurait la représenter dans un dessin. Aussi vous ne voyez pas plus de tourbillons d'écume que vous n'entendez de bruit capable de rendre sourd. Encore, si nous voyons aujourd'hui ces chutes de douze à quatorze pouces, ce n'est que parce que nous entrons au temps des basses eaux; car dès que la crue commence, et pendant l'inondation, tous les passages existants entre les pointes de roche sont couverts de tant d'eau, que les cataractes disparaissent entièrement; et le bruit n'est ni plus fort ni plus incommode que celui de tout autre courant qui roule sur des rochers. A cette époque, les bateaux chargés, les radeaux même qui ne se composent que de poterie, franchissent les cataractes sans le moindre danger. Cela n'a lieu, il est vrai, que dans les temps de l'inondation, car quand les eaux diminuent, ou dans la saison qui précède la crue, le passage devient plus difficile; pendant les trois mois des basses eaux, la navigation est interrompue. Il faut donc regarder comme un conte ce qu'un écrivain moderne a dit des Nubiens, qui, pendant les grandes eaux, franchissent les cataractes, ferment les yeux, se bouchent les oreilles, disparaissent sous les eaux, eux et les radeaux qu'ils conduisent, et vont ressortir à un quart de lieue au-dessous. Je ne sais pas si la chose serait possible, mais je dis hardiment qu'elle n'est point vraie, et cela, parce que, durant les grandes eaux, il n'y a pas de cataracte. »

Après avoir passé quelque temps en présence de la cataracte, nos voyageurs, bien convaincus de l'exagération des récits qu'on en a faits, remontèrent encore le fleuve sur sa rive gauche, jusqu'à ce que l'aspect des débris de monuments leur annonça l'île de Philœ, qui fut l'entrepôt du commerce de l'Éthiopie, eut des temples, des palais, des habitants industrieux et riches; elle ne conserve aujourd'hui que des ruines et quelques familles à demi sauvages pour habiter ses chaumières, que ceignent des bosquets de palmiers et des haies de verdure. Nos voyageurs y virent les restes de six ou sept temples, tous renfermés dans une vaste enceinte qui contenait aussi le logement des prêtres. La peinture et surtout la sculpture y avaient prodigué leurs trésors, et les sciences astronomiques avaient fourni le sujet des compositions. Les plafonds représentaient le firmament, les murailles retraçaient les cérémonies du culte. Les statues colossales des souverains, ou des figures allégoriques, ornaient les portiques. Nos voyageurs remarquèrent vers le sud-est de l'île des ruines grecques et romaines, les restes des quais qui entouraient le port et des édifices qui s'élevaient sur les quais, supportés par des arcades et des pilastres d'ordre dorique; ils virent aussi les ruines d'une église chrétienne, où des statues de saints reposaient sur des fragments d'idoles égyptiennes assez grossièrement façonnées en piédestaux.

L'île de Philœ n'a que trois cents toises de long sur une largeur beaucoup moindre. La partie du sud se compose d'une roche qui, par sa masse, rompt la violence du courant et protége l'île contre l'envahissement des eaux. Du côté du nord, il existe une autre île toute hérissée de rochers; elle est plus grande que Philœ, mais elle n'a point d'habitants. On y voit un rocher de granit auquel la nature a donné la forme d'un fauteuil; l'art a travaillé à perfectionner cette forme primitive; peut-être voulait-on y placer un colosse.

Nos voyageurs traversèrent le bras droit du Nil, et descendant au nord, ils s'acheminèrent vers

Assouan, autrefois Syène. Ils remarquèrent à côté de la route les restes d'une muraille de briques séchées au soleil, laquelle paraissait avoir eu de quinze à dix-huit pieds d'épaisseur; elle s'étendait jusqu'à trois lieues au-dessous de Syène. Des traditions locales en attribuent la fondation à un ancien Pharaon, qui voulait préserver la contrée d'invasions ennemies. Quelques écrivains l'ont confondue avec la grande muraille qui commençait à l'ancienne Peluse et finissait à Héliopolis, ouvrage de ce fameux conquérant Sésostris qui, après avoir subjugué le monde entier, ne se croyait pas en sûreté dans son petit royaume d'Égypte, s'il n'en fermait l'entrée aux Arabes par un rempart qu'ils ne pussent franchir.

Syène fut jadis une ville importante qui, de même que Thèbes, s'étendait sur les deux rives du Nil, et renfermait dans son enceinte l'île d'Éléphantine. Tout ce qui reste de l'antique Syène ne consiste qu'en ruines égyptiennes, grecques, romaines, arabes. La ville moderne d'Assouan est l'une des mieux bâties de l'Égypte, et les rues en sont assez droites. Ses habitants sont presque tous des Arabes du Hedjaz. Massoudi prétend que le terroir des environs est si fertile, que, pour avoir des palmiers, il suffit de semer des noyaux de dattes, tandis que, partout ailleurs, cet arbre ne vient que de rejetons. Les dattes d'Assouan sont menues, mais très-abondantes et d'une excellente qualité. Il se fait dans la ville, outre le commerce des dattes, celui du séné, qu'on récolte en partie dans le pays, et qu'on tire en partie du désert.

« Nous ne quitterons pas Syène, dit M. Roland à ses deux jeunes gens, sans parler de ce puits fameux qui marquait le jour du solstice d'été, au moment où le style des cadrans ne donnait point d'ombre, c'est-à-dire à midi précis; le soleil laissant tomber alors perpendiculairement ses rayons, tout le fond du puits était parfaitement éclairé. On a prétendu que l'existence de ce phénomène était impossible à Syène, parce que cette ville n'est point sous le tropique. Toutefois la commission d'Égypte n'avait fait aucune difficulté de l'admettre. Syène, il est vrai, n'est point sous le tropique où réellement à midi les objets ne donnent pas d'ombre le jour du solstice, mais il n'en est qu'à quarante minutes de distance, ce qui ne produit qu'une différence à peu près imperceptible. »

Une marche fatigante de plusieurs lieues amena la petite troupe à Koumombos, l'Ombos des anciens. Cette ville, aujourd'hui mince village, s'élève sur une éminence dont le Nil baigne le pied. Un grand portique à colonnes, un mur d'enceinte en grande partie détruit, un môle ruiné dans sa partie supérieure par la main des Arabes et dégradé par les eaux dans ses fondations, les débris d'un édifice qu'une galerie unissait au môle, le grand temple où l'on adorait le crocodile : telles sont les antiquités de Koumombos ; c'est au milieu de ces restes de monuments de la puissance des anciens souverains, que les habitants ont construit leurs misérables huttes. Au milieu du fleuve, en face de Koumombos, est une île couverte de verdure. Les Arabes lui ont donné le nom de Mansouriah. Au-dessous de l'île, on voit les ruines d'un ancien phare ; les sinuosités du fleuve et les rochers qui forment ses rivages dans cette partie rendaient nécessaire le secours de ce phare, que les Arabes ont renversé, suivant leur coutume, pour le plaisir de détruire.

A deux lieues de Koumombos, on rencontra le village de Dgebel-Selseleh, dont les chaumières de paille hachée et de terre se montrent sur l'emplacement de Silsilis, ville qu'avaient rendue célèbre ses inépuisables carrières de grès et de marbre. Ces carrières avaient été exploitées dès les premiers âges, et les excavations d'où étaient sortis tant de blocs énormes, embellies elles-mêmes par la sculpture, s'étaient converties en monuments. On y voyait jadis des portiques à colonnes, des entablements taillés dans le roc, des temples et surtout des tombeaux, consistant en plusieurs chambres ornées d'hiéroglyphes et de peintures qui représentaient des cérémonies religieuses. Les tombes, entaillées dans le sol, offraient les mêmes dimensions que les caisses des momies.

Nos voyageurs entrèrent dans plusieurs chambres ; ils remarquèrent dans quelques-unes beaucoup de groupes de figures assises. Chaque groupe se composait d'un homme et d'une femme ; celle-ci tient un de ses bras passé autour du corps du premier ; ses mains sont ornées de fleurs de lotus. Sur toutes les portes des chambres sépulcrales, on voit une espèce d'amortissement terminé par un globe ailé, symbole de la trinité égyptienne, Cneph, Phtha et Osiris. Un de ces tombeaux est d'une grande magnificence. Sa façade, large de cinquante-cinq pieds sur quinze de haut, offre cinq portes par lesquelles on pénètre dans l'intérieur qui se compose d'une grande galerie et de trois chambres, dont l'une est toute remplie de figures debout. Nos voyageurs remarquèrent avec étonnement que toutes ces figures, de même que les ornements du dedans et du dehors, avaient été taillées dans la roche vive dont elles font partie, à la place même où on les voit.

A une grande journée de Selseleh, est le village d'El-Kab, qu'il faut citer, parce qu'auprès des buttes dont il se compose sont les ruines de l'ancienne Éléthyia. Nos voyageurs en visitèrent la Nécropolis, qui le cède à peine en importance à la Nécropolis de Thèbes, et qui, dans ses bas-reliefs peints, donne le tableau varié de la vie domestique des anciens Égyptiens. Du village d'El-

Kab, la caravane arriva en deux jours aux ruines de la grande Diospolis, de cette Thèbes fameuse, qui avait cent portes et faisait sortir par chacune d'elles vingt mille hommes de pied et deux cents chars de guerre armés de faux. Ce sont, il est vrai, des poëtes qui le disent, ou des historiens complaisants échos des prêtres égyptiens.

« Vingt mille hommes par chaque porte, s'écria Firmin, sans compter les chars! mais cela aurait fait deux millions d'hommes en état de porter les armes! Tandis que Paris avec ses neuf cent mille âmes, et en convoquant le ban et l'arrière-ban de sa garde nationale, compte à peine soixante mille individus propres au service; en supposant un nombre pareil d'hommes exempts ou qui s'exemptent de ce service, cela ne fera jamais que cent vingt mille. Il fallait donc que Thèbes eût une population sept ou huit fois plus forte que celle de Paris.

— Votre calcul est assez juste, répondit M. Roland, et franchement j'ai peine à croire que Thèbes, malgré son étendue, eût six millions d'habitants : c'est à peu près là, d'après Diodore, qui ne pèche pas au surplus par défaut d'enthousiasme, la population de l'Égypte entière au temps de sa puissance. Ce qui est certain, comme nous avons eu déjà occasion de le voir, c'est que Thèbes s'étendait sur les deux rives du fleuve, c'est-à-dire sur toute la largeur de la vallée, depuis la chaîne arabique jusqu'aux montagnes de la Libye; ce qui fait à peu près quatre lieues de l'est à l'ouest; quant à sa longueur du septentrion au midi, elle était, suivant Strabon, qui l'a mesurée sur les lieux, de quatre-vingts stades, à peu près deux lieues communes; c'est une circonférence d'environ douze lieues.

« Cette vaste enceinte, dont les vestiges sont encore sensibles, renferme d'immenses ruines; Loucsor et Karnac, villages modernes, sont bâtis sur l'emplacement de deux temples. Celui de Karnac est le plus vaste édifice de l'Égypte. Son enceinte totale était de treize stades (six cent soixante toises environ); ses murs, épais de vingt-quatre pieds, ont une hauteur triple. Son enceinte extérieure a une demi-lieue de circuit. On y distingue trois édifices particuliers qui probablement étaient des palais. Le mur de circonvallation avait six grandes portes; elles existent encore; trois étaient précédées par des avenues de sphinx. Ce temple, renversé par Cambyse, et livré aux flammes, contenait, dit-on, de grandes richesses. Hérodote en donne une description pompeuse, mais Diodore et Strabon ne parlent que de ses ruines, qui, suivant ce dernier, frappent plus par leur masse que par la beauté de l'exécution. Les Égyptiens savaient façonner en colonnes, en obélisques, en statues, des rochers entiers; mais leur manière, presque barbare, accusait le défaut de goût. Toutefois les obélisques de Karnac et les parements des portes extérieures offrent une exécution soignée, qui peut faire penser que ces ouvrages sont d'un temps postérieur à celui des constructions primitives. Le sanctuaire, où l'on n'arrivait qu'après avoir traversé plusieurs cours et autant de portiques, est tout construit en granit. Le plafond est bleu, parsemé d'étoiles jaunes. Sur les côtés sont plusieurs petites pièces qui communiquent par d'autres portiques à d'autres galeries et à d'autres cours.

« Dans la partie sud-ouest de la grande enceinte, est un autre temple qu'on croit avoir été dédié aux furies. Une enceinte particulière l'isolait du grand temple. Un autre édifice isolé s'élève dans la partie sud. Les sculptures, dont les murs sont ornés, indiquent un palais plutôt qu'un temple. C'était là, peut-être, que résidaient les anciens rois de Thèbes, s'il est vrai, comme Hérodote l'affirme, qu'ils dussent être accompagnés et servis par des prêtres, qui devenaient ensuite leurs conseillers et leurs ministres. Le temple de Karnac était consacré au dieu régénérateur sous les traits et le nom d'Osiris.

« Des avenues de sphinx, aujourd'hui tout mutilés, conduisaient à un autre édifice moins grand, mais mieux construit. Sur un espace immense, on ne voit que des tronçons de statues, de sphinx et de colonnes. On croit que ces ruines sont celles du palais d'Aménophis de la dix-huitième dynastie de Manéthon. L'un des deux obélisques, qui étaient encore debout il y a peu d'années, est dans ce moment à Londres. L'autre a été transporté à Paris, où il s'élève sur la place de Louis XV, ce qui, soit dit en passant et le mérite de l'antiquité à part, ne forme pas une superbe décoration. C'est au delà de ce qui reste de ce palais et sur une partie même de son emplacement que s'élève le triste village de Loucsor, dans lequel on entre par la porte même de l'ancien édifice; mélange bizarre de magnificence et de misère. »

A cinq ou six lieues de Thèbes, en continuant de suivre le cours du Nil, nos voyageurs trouvèrent le village à demi ruiné de Kous (l'ancienne Co ou *Apollinopolis parva* de Strabon). Cette ville eut autrefois beaucoup d'importance commerciale; elle est totalement déchue depuis le neuvième siècle. Elle avait prospéré aux dépens de Coptos; elle est tombée à son tour, et ses dépouilles ont été recueillies par le bourg de Kéné. Les habitants cultivent beaucoup de melons, qu'ils vendent aux caravanes qui viennent de la Nubie ou de l'Arabie par la mer Rouge. Au-dessous de Kous est le village de Balasse, où il existe une fabrique de poterie qui fournit de jarres l'Égypte, la Syrie et l'Archipel. Ces jarres, faites d'une marne savonneuse, grasse et compacte, séchées au soleil et cuites ensuite à un feu de paille, sont extrêmement poreuses. L'eau s'y rafraîchit en laissant échapper une partie de son calorique par les pores du vase. On forme avec cette poterie des radeaux qui descendent le Nil. Une partie se brise, une autre est vendue sur la route, le reste va s'embarquer à Damiette.

Koptos, que les Coptes et les Arabes nomment Keft, devint une cité riche et florissante lorsque les Ptolémées, attirant en Égypte le commerce de l'Inde, envoyèrent des caravanes ou des vaisseaux qui remontaient le Nil jusqu'à cette ville, d'où une grande route, à travers le désert, conduisait au port de Bérénice. Elle conserva une partie de ce commerce jusque vers le quatrième siècle de l'hégire. Les marchands ayant pris d'autres routes, elle perdit sa population, et les sources de sa prospérité restèrent taries. En 572, les habitants prirent, malheureusement, le parti d'un imposteur qui se disait fils du sultan Aladed. Salah-Eddin envoya contre eux des troupes qui en massacrèrent plus de trois mille. Coptos avait été déjà ruinée par Dioclétien; un violent incendie acheva de la détruire, mais les Arabes l'avaient restaurée. Ce n'est plus aujourd'hui qu'un village au milieu d'énormes tas de décombres.

Kéné (l'ancienne Cynopolis) sert de station aux caravanes de Kosseir; cette circonstance la rend assez florissante, mais elle n'est jamais parvenue au degré de richesse de l'ancienne Coptos.

De Kéné au bourg d'Akmin ou Schmin, le Chemmies ou Pannopolis des Grecs, où l'on adorait le grand Pan, la nature personnifiée, la caravane employa trois jours, qui parurent bien longs aux deux jeunes gens, la route se trouvant continuellement resserrée entre le Nil et la montagne. M. Roland leur fit remarquer un grand édifice enfoui presqu'en entier sous le sable. C'était vraisemblablement le temple du dieu, le fameux Berbah (1) dont parle Aboulfida. Pockoke a cru que ce temple était dédié au soleil, conduit à cette opinion par les sculptures qu'il a vues sur quelques débris ; mais les attributs du soleil convenaient aussi au grand Pan, qui n'était autre que le premier ou grand Osiris.

A trois ou quatre lieues d'Akmin, en face de la ville de Tahta, qui est sur la rive gauche, on trouve le village de Rayaneh, qui ne mériterait pas d'être nommé s'il n'existait dans son voisinage une gorge étroite, sauvage et déserte, au fond de laquelle se trouve un petit temple où naguère encore un petit nombre d'Égyptiens, attachés au culte de leurs pères, adoraient le serpent Haridi. Ce temple est dans une excavation pratiquée au flanc du rocher ; les pèlerins des deux sexes s'y rendaient en foule, apportant leurs offrandes. Le crédule et superstitieux Paul-Lucas a visité le

(1) C'est un nom générique par lequel les Arabes désignent tous les monuments de l'Égypte.

temple, et dans le serpent Haridi, qu'on a bien voulu lui faire voir, il a clairement reconnu le diable Asmodée.

Au-dessous de Rayaneh, nos voyageurs aperçurent des ruines qu'on croit être celles d'Antiopolis, ou la ville d'Antée, l'ami et le serviteur d'Osiris. Le bien qu'il fit durant sa vie lui valut après sa mort les honneurs de l'apothéose, s'il faut s'en rapporter à Diodore. L'Arabe Aben Mohammed dit à ses compagnons de voyage qu'il y avait là des chambres sépulcrales très-vastes, mais le temps leur manqua pour les aller voir. Les Arabes ont donné le nom de Kaou-el-Kabie au village qui s'est élevé sur l'emplacement de la ville ancienne.

Il fallut quatre jours à la petite troupe pour se rendre de Kaou à Cheikh Abadêh, où elle s'arrêta pour visiter les ruines de la ville d'Antinoé. « Je me suis trouvé plusieurs fois en ce lieu, dit M. Roland, et j'ai toujours éprouvé un sentiment pénible à l'aspect de ces restes qui, plus ils annoncent d'ancienne magnificence, plus ils font ressortir la turpitude du fondateur. En effet, tout ce que le despotisme a d'odieux, la superstition de faiblesse, le dévouement servile de fanatisme et le fanatisme de cruauté; tout ce que la corruption des mœurs peut avoir de monstrueux; les égarements du cœur et de l'esprit, la vanité, l'orgueil; la démence qui croit cacher une tache sous un monument et n'imagine pas que ce monument ne fait que rendre la tache éternelle : toutes ces idées viennent m'assaillir à la fois. Je crois voir la place où Antinous s'immola sur l'autel érigé par les superstitieuses terreurs du lâche Adrien, qui, dans l'espoir d'ajouter quelques jours flétris d'avance à une vie jusque-là passée dans la débauche, laissa couler sous le fer sacré le sang de son ami.

Un autre sentiment douloureux se joint à celui que je viens d'exprimer. Promenez vos regards sur cette campagne ; vous la voyez, nue et aride, se confondre à l'orient avec les rochers désolés de la chaîne arabique : il y eut jadis en ce lieu des promenades, des jardins, des bosquets ; tout a disparu, jusqu'à la trace des travaux qui avaient transporté, sur un sol de sable stérile, un sol productif et fécond.

Nos voyageurs parcoururent en tous sens les ruines ; ils virent les deux grandes rues qui, en se croisant, coupaient la ville par angles droits, et formaient au point d'intersection un point de vue admirable, d'où l'on découvrait quatre beaux portiques placés à l'entrée et à la sortie de ces rues. Quatre grandes colonnes chargées d'ornements se montrent encore en ce lieu. Par l'un de ces portiques on arrivait à un amphithéâtre actuellement ruiné ; une rue longue de huit cents pas et ornée d'un double rang de colonnes y conduisait ; un canal faisait le tour de la ville après l'avoir traversée. Le nilomètre, décrit par Macrisy, se trouvait dans un bassin circulaire qu'entouraient trois cent soixante-cinq colonnes. C'était là tout ce qui restait d'Antinoé, il y a quelques années; aujourd'hui ces débris mêmes ont été horriblement mutilés.

La montagne voisine est pleine d'excavations artificielles, où l'on trouve encore des momies. L'une de ces cavernes a été un temple égyptien; on le présume d'après les hiéroglyphes et les peintures qui en couvrent les murailles. On sait qu'Antinoé fut bâtie sur l'emplacement d'une ancienne ville nommée Besa ou Bela. Non loin des ruines, en descendant vers le nord, est le village d'Ensenêh. Les habitants indiquèrent à nos voyageurs le tombeau de Mahommed-bey qui, s'étant révolté contre le pacha turc, fut battu, fait prisonnier et mis à mort. Le peuple révère sa mémoire, à cause de la douceur et de la justice de son gouvernement.

D'Ensenêh au Caire, la distance est longue, mais la route ne traverse guère que des plaines de sable, et l'on ne voit plus nulle part sur la rive droite de trace de culture. La seule bourgade un peu considérable que nos voyageurs rencontrèrent vers le milieu du chemin, est celle d'Alfiêh, autrefois la ville de Vénus, capitale du nome aphroditopolite. Au-dessous de cette ville, Strabon place une seconde Troie, fondée, à ce qu'il présume, par les Troyens captifs de Ménélas. Une pointe voisine de la montagne qui s'avance vers le Nil, avait reçu des anciens géographes le nom de *Mons Troicus* montagne de Troie, les Coptes avaient donné au village celui de *Tora*, et les Arabes, celui de *Deir Gergis*. Cette Troie, située en face de Memphis, se trouve à l'entrée de la vallée sauvage de Tihiêh ou de l'Égarement, par laquelle on croit que Moïse arriva sur le bord de la mer Rouge (1).

Nos voyageurs ne tardèrent pas à découvrir quelques vieux bâtiments. « Nous voici, dit M. Roland, près de la Babylone d'Égypte et de l'ancienne Misr ou Mezrâh, qui, ruinée par les Arabes, devint, sous le nom de Fostat, la capitale de ces conquérants. Les traditions égyptiennes attribuaient la fondation de Babylone au roi de Perse Artaxerxe Ochus. On voit encore non loin d'ici, à l'est, les ruines d'un temple qu'on dit avoir été consacré au feu, et dont on attribue pareillement la fondation à ce prince. D'autres traditions font remonter un peu plus haut l'origine de Babylone; ce fut, dit-on, une colonie assyrienne qui s'établit en ce lieu dès le temps de Cambyse. L'historien Josèphe embrasse cette

(1) Remarquons encore ici que cette tradition des Coptes confirme, comme nous l'avons dit plus haut, l'opinion de ceux qui font sortir les Hébreux de Memphis et non de Tanis au fond du Delta.

opinion. Quoi qu'il en soit, la situation de Babylone à l'entrée de l'Heptanomide en faisait un poste si essentiel, que les empereurs y placèrent une des trois légions qu'ils entretenaient en Égypte. Plus tard les Arabes l'entourèrent de fortes murailles, défendues par un large fossé, et lui donnèrent le nom de Casr Iscemma (1). Les habitants, qui presque tous étaient Coptes, y avaient conservé plusieurs églises, notamment celle de Saint-Marc, à laquelle ils donnaient le titre de métropole, et de Saint-Serge; ils prétendaient que leurs ancêtres avaient obtenu la concession de ces églises d'Amrou-ben-al-As. Ils tenaient d'autant plus à conserver ces églises et principalement celle de Saint-Serge qu'elle est construite sur un caveau dans lequel ils prétendent que la sainte famille passa quelque temps, à l'époque de sa fuite en Égypte. Aujourd'hui, dans l'enceinte de Babylone, vous ne voyez plus que de misérables cabanes qui servent d'asile à quelques familles de Fellahs, que leur pauvreté avait protégés contre les Turcs jusqu'au moment où Mehemet-Ali s'est emparé du pouvoir. Ils jouissent maintenant de quelque liberté, et les Coptes y ont une église dédiée à la sainte Vierge, et ils soutiennent que c'est la plus an-

(1) Ou plutôt Kasr Al Schama. Ce château est aujourd'hui abattu en grande partie.

cienne de toutes les églises d'Égypte, parce que saint Pierre, disent-ils, déclare dans une de ses épîtres que son église de prédilection est celle de Babylone ou Misr.

Cette ville de Misr ou Mesrâh s'élevait au-dessous de Babylone et de Memphis. Lorsqu'Alexandrie se peupla aux dépens de cette capitale, les habitants qui étaient restés dans la ville abandonnée se lassèrent de vivre dans une solitude qui chaque jour se couvrait de ruines nouvelles, ils traversèrent le Nil et s'établirent à Misr, qui devint un séjour enchanteur; dès ce moment, ils regardèrent Alexandrie comme une colonie grecque, et nommèrent Misr véritable métropole d'Égypte. Cette opinion s'était même si bien enracinée dans le pays, que ce fut la première ville importante que les Arabes assiégèrent; Amrou ne marcha sur Alexandrie qu'après s'être rendu maître de la ville qu'il considérait comme capitale.

Tandis que ce général campait avec son armée devant les remparts de Misr, une tourterelle, disent les historiens arabes, vint faire son nid sur sa tente. Amrou ne permit pas que sa tente fût détendue, et lorsqu'il eut pris la ville, enfermant la place où il avait campé dans la nouvelle enceinte, il lui donna le nom de *Fostat* pour perpétuer le souvenir de sa conquête. Ce mot de fostat signifie peau ou cuir; c'était de peaux non de toile que les Arabes fabriquaient leurs tentes. Fostat devint la capitale des Arabes, et elle conserva ce titre jusqu'au temps où les Fatimites s'emparèrent de l'Égypte et bâtirent le Caire. Fostat pris alors, mais très-improprement le nom de vieux Caire, et perdit, avec sa prééminence, son commerce, son industrie, sa richesse et ses habitants.

Nos voyageurs virent à Fostat, qu'on nomme aussi Misr-el-Atik, les *greniers de Joseph*, ce sont sept cours carrées dont les murs en brique sont élevés de quinze pieds. Ces cours renferment d'énormes tas de blé. « Vous donnez à ces greniers le nom de Joseph, dit Firmin; est-ce que c'est Joseph qui les a construits? — Non certainement, répondit M. Roland; mais de même que les Perses, les Hindous et tous les anciens peuples attribuaient aux géants ou aux génies tous les ouvrages dont l'auteur leur était inconnu, de même les Coptes et les Arabes attribuent à Joseph, dont l'histoire est vivante dans toutes leurs traditions, tous les ouvrages sur lesquels ils n'ont pas des notions bien positives. »

C'est au vieux Caire que commence l'île de Roudâh, de tout temps renommée pour ses beaux jardins. On voit, à l'extrémité méridionale de cette île, le fameux nilomètre qui sert à mesurer la hauteur de la crue. Ce nilomètre, que les Arabes appellent Mikias (lieu où l'on mesure), « consiste, dit l'historien Ebn Alverdi, en une colonne de marbre blanc, de figure octogone, s'élevant au milieu d'un bassin dans lequel l'eau du fleuve est introduite par un canal. La colonne est divisée en vingt-deux coudées par des lignes horizontales tracées profondément sur les huit faces. » Depuis l'époque de la construction, la colonne a été graduée différemment, ou l'assertion d'Ebn Alverdi n'est pas tout à fait exacte. Quand les Français sont venus en Égypte, ils ont fait au Mikias quelques réparations d'agrément ou de nécessité. Le fût de la colonne n'avait alors que seize coudées ou dhraas; les six premières en partant du sol n'ont pas de sous-divisions; les autres sont divisées en vingt-quatre doigts. Chaque dhraas équivaut à cinquante-quatre centimètres; le chapiteau a une coudée quatre doigts de haut; il supporte un assez gros bloc de marbre blanc d'une coudée deux doigts, ce qui ne fait pour la hauteur totale que dix-huit coudées six doigts. Il faut observer que le conservateur du Mikias, chargé de faire connaître, par des criées publiques, l'état journalier de la crue, se sert, pour les publications, d'un dhraas plus court que celui du Mikias, car l'année où les réparations furent faites on avait encore vingt coudées deux doigts, quoique la crue ne fût que de dix-huit coudées trois doigts.

Les Égyptiens ont eu de tout temps des nilomètres, mais ils ont tous été détruits soit par la main du temps, soit par celle des Arabes. Memphis, Eléphantine, Antinoé eurent des nilomètres; les Grecs en construisirent un à Misr, Amrou-ben-al-As le fit réparer; mais il n'en reste aujourd'hui aucun vestige.

---

# CHAPITRE XI.

Le Caire (*al Kahira*). — Mœurs. — Usages.

Avant de parcourir les rues et les places du Caire pour en visiter les monuments, les deux jeunes gens montrèrent à M. Roland le désir de connaître l'histoire de cette ville. Ce vœu était trop légitime pour que M. Roland ne s'empressât pas de le satisfaire. « On lit dans Macrisy, leur dit-il, que la ville (Fostat) fondée par Amrou devint la résidence des émirs ou gouverneurs d'Égypte ; ils y demeurèrent jusqu'au temps des Abbassides. Quand le dernier calife de la race d'Ommeyâh, Mérouan, se sauva en Égypte, il y fut poursuivi par les troupes de son rival. Celles-ci campèrent hors de Fostat dans un lieu qu'occupaient quelques tribus arabes ;

elles y bâtirent des maisons, et un nouveau quartier s'éleva sous le nom de Al-Asker. Pour encourager les constructeurs, les émirs se choisirent une habitation au milieu des constructions nouvelles, et ils y passèrent une partie de l'année. Ahmed-ben-Touloun, le fondateur de la dynastie des Toulonides, y fit bâtir divers édifices, parmi lesquels on distinguait une belle mosquée qui prit son nom, et un hospice vaste et commode auprès d'un lac, aujourd'hui comblé. Le palais qu'y possédaient les anciens émirs lui paraissant trop étroit, il construisit dans un nouveau quartier, nommé Kattaï, un château où il fixa son séjour. Auprès de ce château s'éleva le fameux Hippodrome dont la magnificence était telle, dit Macrisy, que si on demandait à un homme, de quelque part qu'il vînt : Où allez-vous ? il ne manquait pas de répondre : Je vais à l'Hippodrome. Ce quartier, situé au nord et à l'est d'Al-Asker, ne tarda pas à se composer d'un grand nombre de rues, qui étaient habitées chacune par des hommes de la même profession.

« Les successeurs d'Ahmed continuèrent de résider à Kattaï, mais après l'extinction des Toulonides, les nouveaux émirs retournèrent au palais d'Al-Asker; toutefois Al-Asker avait perdu son nom, et, quoiqu'il fût encore très-peuplé, on ne le distinguait plus de Kattaï. Les princes fatimites tentèrent plus tard de rendre à ce quartier son nom et son importance, mais leurs efforts furent infructueux. Les habitants de la ville nouvelle du Caire avaient détruit ou renversé tous les édifices d'Al-Asker, à l'exception de la mosquée d'Ahmed, pour en employer les matériaux à la construction de leurs maisons (1).

« Quand Djéwar (ou Djiwer) eut conquis l'Égypte pour son maître Moaz Ledinala, ne trouvant pas Fostat une ville assez belle, dédaignant même le château de Kattaï, où le fils d'Ahmed, Khomarouïah, avait prodigué l'argent et l'or en embellissements de tout genre, il voulut fonder, pour recevoir le nouveau souverain, une ville qui l'emportât en magnificence sur la capitale des princes vaincus. Superstitieux comme le sont, en général, tous les musulmans, il traînait à sa suite des devins et des astrologues; il eut recours à eux, dit l'historien Al-Serrour, pour le choix de l'emplacement ainsi que pour déterminer le moment où les constructions seraient commencées. Djiwar désirait qu'ils lui signalassent l'instant précis du lever d'un astre favorable, afin que la ville bâtie sous cette influence devînt la plus fortunée et la plus puissante de l'univers. Les astrologues consultèrent le ciel, et après

(1) Al-Asker et Kattaï ont été complétement ruinés sous le règne désastreux du calife Mostanser. Ces quartiers, jadis si populeux, ne sont plus qu'une plaine de sable mêlée de décombres.

avoir marqué l'emplacement et tracé l'enceinte que la ville devait avoir, ils entourèrent cette enceinte de pieux auxquels ils attachèrent une corde qui en faisait tout le tour; des clochettes furent suspendues à la corde. Des ouvriers munis de matériaux et d'instruments s'établirent sur toute la ligne.

Il avait été arrêté qu'au moment où le lever de l'astre serait observé, les astrologues tireraient vivement la corde, ce qui, agitant les sonnettes, les ferait sonner à la fois: à ce signal les ouvriers devaient jetter les fondements. Mais il arriva qu'une corneille vint se percher sur la corde, et le mouvement qu'elle lui imprima fit sonner les clochettes. Les ouvriers, croyant entendre le signal convenu, posèrent de toutes parts les premières pierres, et en peu de minutes les fondations furent commencées (1) d'une extrémité à l'autre. La planète Haker ou Mars se trouvait alors à son apogée. Les astrologues, instruits de la méprise qui venait d'avoir lieu, prédirent que l'influence de Mars serait fatale à la ville nouvelle, et qu'un guerrier venu de la Romanie s'en rendrait maître, parce que la Romanie (2) était sous

(1) L'an 362 de l'hégire.

(2) Les Arabes donnent le nom de Romanie à tous les pays dont s'est composé l'empire grec. Constantinople est pour eux la capitale de la Romanie, et ce fut Sélim, empereur de Constantinople, qui conquit le Caire et l'Égypte, après avoir complétement battu les troupes du sultan dans la plaine d'Héliopolis.

la protection de cette planète. Cette prédiction s'est accomplie, disent les Arabes, au bout de cinq cent soixante ans. C'est de Haker que s'est formé le nom du Caire. »

Après que M. Roland eut fini de parler, et que les deux amis eurent assez ri de l'histoire de la Corneille, les courses commencèrent dans la ville et au dehors. Exposons succinctement le résultat de ces investigations.

La ville du Caire est située dans une plaine aride, au pied du Mokattam et à un quart de lieue du Nil. Cette position est défavorable, parce que la montagne lui renvoie par réflexion les rayons du soleil, ce qui rend la chaleur insupportable durant le jour, et parce qu'elle ne reçoit l'eau du fleuve que par le canal qui la traverse, ce qui rend l'eau assez rare une partie de l'année. Elle a trois lieues environ de circuit, mais elle est mal percée, et ses rues, la plupart tortueuses, n'ont point de pavé. Les maisons ont généralement deux ou trois étages; elles sont de terre ou de briques mal cuites; quelques-unes, en petit nombre, sont construites en pierres qu'on a tirées du Mokattam. Elles se terminent presque toutes en terrasse, mais elles n'ont pas de vue sur la rue, ce qui en rend le séjour assez triste. Les gens riches ont chez eux des fontaines ou des jets d'eau; toute la décoration de leurs appartements consiste en un pavé de marbre ou de faïence en mosaïque, sur lequel on étend des nattes ou des matelas qu'on recouvre de tapis plus ou moins somptueux. Une estrade chargée de coussins règne autour des murailles; comme les nattes servent de siége, cette estrade sert de dossier. Les murs sont dénués de tentures ou tapisseries. Quelques inscriptions prises dans le Koran en cachent en partie la nudité.

La population de la ville est, suivant les uns, de sept cent mille âmes, suivant les autres de trois ou quatre cent mille seulement, et c'est ce qui paraît le plus vraisemblable; comme on n'y tient aucune espèce de registre pour constater les naissances et les décès, on ne peut guère établir sur ce point de calcul positif. Ce qu'on peut dire, c'est qu'à l'exception des Mamlouks et des Osmanlis attachés au gouvernement, tous les habitants sont pauvres, et qu'on voit sans peine à leur extérieur qu'ils sont malheureux. Il suffit d'un seul trait pour donner la preuve de cette dernière assertion. L'officier ou chef de la police, inspecteur des marchés publics, ne sortait jamais sans être escorté d'un grand nombre de sbires et de bourreaux, qui exécutaient sur-le-champ les sentences que plus d'une fois le caprice et la colère lui avaient dictées. Et comme il a droit de vie de mort, et par la nature même de ses fonctions, c'est principalement sur le peuple que pesait son influence; aussi dès qu'on l'apercevait chacun fuyait ou se cachait, et à son approche le silence et la solitude succédaient partout au plus bruyant concours: Depuis que Méhémet est au pouvoir, l'inspecteur des marchés a perdu la faculté d'agir d'une manière arbitraire, et ses attributions ont été circonscrites. Dans ses efforts constants pour centraliser le pouvoir dans sa propre main, Méhémet-Ali ne devait pas laisser subsister en dehors de lui une autorité aussi exorbitante que celle de cet inspecteur.

L'aspect de la ville, quand on la parcourt, a quelque chose de triste, de sombre et même de sauvage. Les rues du Caire, *schari*, parcourent la ville dans sa longueur mais ne sont pas coupées de rues de traverse, comme en Europe. Des deux côtés, elles ont des halles, des bazars, des khans, des boutiques, des hotels, et, sur les bazars et les halles, des maisons particulières. D'espace en espace, sont de grandes portes qui donnent entrée aux *khat* ou *khittéh*, aux *haréb*, aux *derb*, et aux *zikah*.

On appelle khittéh la portion de terrain concédée originairement à une famille pour établir son habitation; on nomme hareb ce que nous entendons par île, c'est-à-dire la réunion de plusieurs maisons. Ces deux sortes de rues n'ont pas de boutiques, si ce n'est celle d'un épicier ou d'un cafetier, tout près de l'entrée. Quand la rue ou hareb est ouverte aux deux extrémités, c'est-à-dire si elle aboutit à deux schari, elle prend le nom de derb. Il y en a qui sont si étroites, que deux hommes ne pourraient pas y passer de front : ces sortes de derb sont désignées par le nom de zikah. Outre les zikah, il y a des ruelles qui communiquent d'un haréh à un autre ; ce ne sont que des passages entre deux corps de maisons.

Les boutiques sont exhaussées de trois ou quatre pieds au-dessus du sol. Elles ont sur le devant une espèce d'estrade ou banc de pierre de la même hauteur et assez large pour qu'on puisse y être assis ; c'est la place ordinaire du marchand. Comme ces estrades avancent des deux côtés dans la rue, et qu'elles gênent le passage, les Français durant leur séjour en abattirent un grand nombre. Le grand marché du Caire portait autrefois le nom de *Kasabéh.* Macrisy dit qu'il contenait deux mille boutiques, ce qui n'est pas impossible, vu l'étendue de cette place. Mais peu à peu les marchands se sont retirés, les boutiques sont restées vides, et ce lieu est aujourd'hui désert. Le Kasabéh était hors de l'enceinte du Caire.

Les maisons situées dans les haréh ou rues fermées s'appellent Béïta ; on ne les loue jamais qu'à un seul locataire. Les maisons des schari, placées entre les bazars, ont le nom de Rabas ; celles-ci se louent par parties, et il n'est pas rare d'en voir avec quinze ou vingt locataires.

Vue d'un lieu élevé et à quelque distance, la ville offre un spectacle enchanteur. Ses maisons couronnées de tourelles, ses innombrables mosquées, ses édifices de couleurs diverses, les jardins qui l'entourent, les palmiers qui s'élèvent du milieu des habitations, un ciel pur et brillant, sans brouillard et sans nuages, tout plaît ou étonne; c'est un ensemble qui tient du prodige.

Il y a dans l'intérieur du Caire huit grands réservoirs, qu'on nomme *Birket*. Le plus considérable est près du château; il a cinq ou six cents pas de long, il est rempli d'eau pendant sept mois de l'année; le reste du temps, il présente une large nappe de verdure. C'est sur les bords de ce Birket que les habitants du Caire ont bâti leurs plus belles maisons. Le canal ou Kaliseh du Caire qui fournit l'eau à ces réservoirs et aux citernes particulières, restauré par Amrou et successivement par les sultans mamlouks, porte le nom de *Kalisch du prince des fidèles*, que le même Amrou lui donna.

Le Caire a sept portes parmi lesquelles, on remarque celle de *Babel-félouh* (porte de la brèche) parce qu'elle a été construite au même lieu où fut pratiquée une brèche par ordre d'un sultan qui, reprenant possession de sa capitale dont l'ennemi s'était rendu maître, ne voulut entrer par aucune des portes existantes. La porte de *Babel-nasr* (de la victoire) fut restaurée par l'un des califes fatimites; elle devint tristement célèbre par le supplice du dernier sultan mamlouk que le farouche Sélim y fit pendre contre la foi des traités.

L'hospice général, autrefois destiné à renfermer les fous, est très-vaste et pourrait être commode; on y laissait autrefois périr les malades faute de soins et de remèdes. Les caravansérais sont nombreux; on les regarde comme des lieux saints où l'on ne saurait sans crime enfreindre les lois de l'hospitalité. Ils consistent d'ordinaire en deux chambres, une galerie ouverte, une citerne et un abreuvoir. Leur mobilier se compose de quelques nattes et d'un peu de poterie; bâtis pour la commodité des voyageurs, ils appartiennent sans rétribution au premier occupant. Au reste, chaque peuple d'Afrique, chaque espèce de marchand a le sien. Les bains publics sont en général tenus proprement, aussi attirent-ils sans cesse la foule. L'entrée de ceux qui sont réservés pour les femmes est sévèrement interdite aux hommes : ceux-ci se baignent le matin, les femmes le soir. Les abattoirs et les boucheries sont la propriété du gouvernement, qui en retire assez de profit; la peau et la tête de tous les animaux qu'on y tue lui appartiennent. Les magasins ou greniers publics sont près du château; ils sont administrés par des officiers des quatre aga qui résident à Bénirouef, Miniêh, Giégêh et

Monfallout, sous la surintendance d'un émir *al-schime,* garde-magasin en chef. C'est ce dernier qui fait faire les distributions, d'après les ordres du divan.

Le Caire a peu d'antiques. On voit dans une maison voisine de celle du Kadilesker, une colonnade dont chaque fût se compose de trois colonnes torses, réunies ensemble aux deux extrémités. Ce qu'il y a de plus remarquable, ce sont les mosquées, dont quelques-unes ressemblent à des forteresses par la hauteur et l'épaisseur de leurs murailles. La mosquée de Ashar se distingue par-dessus toutes les autres ; ses dômes et ses minarets sont d'une hauteur prodigieuse. Elle avait autrefois une espèce d'école ou d'université où l'on enseignait la théologie, la jurisprudence, l'astronomie, l'histoire, la médecine et les mathématiques. Pour encourager les élèves à l'étude, on leur distribuait, au sortir de la classe, du pain, des légumes, du riz et de la viande ; on fournissait même le logement à ceux qui en manquaient. L'enseignance, plus tard, y fut réduite aux premiers principes de la religion, à la lecture et à l'écriture. Aussi le nombre des étudiants, qui s'élevait à quatorze ou quinze mille, avait-il diminué des onze-douzièmes. On y montrait pourtant les éléments de la langue arabe, chose essentielle pour les musulmans, car l'arabe du Koran est extrêmement pur ; et c'est pour eux une profanation criminelle que de mal écrire ou de mal prononcer un mot du Coran. C'est ici surtout que Mébémet a déployé une force de volonté qui triomphe des obstacles. On ne peut que l'en louer, puisque c'est pour le bien de son peuple qu'il cherche de tout son pouvoir à propager les lumières.

Quatre muphtis, égaux en dignité, président aux quatre sectes musulmanes orthodoxes (1); ils ont le droit d'interdire à tout individu, au pacha lui-même, l'entrée des mosquées, ce qui est une excommunication réelle. Comme dans le cas d'interdiction prononcée ils ferment les mosquées, la populace manque rarement de se soulever, et, pour peu que l'interdiction se prolonge, de demander à grands cris la tête du coupable. Le pacha Ibrahim, excommunié de la sorte en 1672, fut heureux de ne perdre que sa place; son crime était d'avoir diminué les revenus de quelques mosquées. Pour ce qui est des Coptes, ils n'ont au Caire que deux petites églises, dont l'une est dédiée à la sainte Vierge; par un mélange bizarre de dévotion et de crédulité qu'on nommerait impie, s'il n'était ridicule, ils racontent sérieusement que cette église fut bâtie par un magicien, qui, voulant empêcher sa destruction future, y attacha un talisman, un palladium

(1) Schiaffée, Malek, Hambali et Hanéfi.

dont l'effet sera d'autant plus durable, que les Mahométans ne peuvent le découvrir.

Les tombeaux des Santons sont pour le peuple un grand objet de vénération ; il y en a quelques-uns dans la ville, mais le plus grand nombre sont au dehors, dans le quartier qu'on nomme Karafa. Ces tombeaux sont en briques ou en pierres ; on y introduit le corps par une ouverture du cintre ; on l'y dépose sur un tas de terre tamisée. Le couvercle de la tombe est ordinairement sculpté ; on y lit dans une inscription les noms et les qualités du défunt. Parmi tous ces tombeaux on remarque celui de Schafié, l'un des quatre interprètes du Coran. Un calife, partisan de ses doctrines, dit Macrisy, voulut posséder le corps du Santon ; il écrivit à l'émir d'Égypte, alors province de l'empire, et le chargea de lui envoyer ces précieux restes. L'émir savait combien le peuple tenait à les conserver ; déterminé à obéir à son maître, mais craignant un soulèvement, il se rendit sur les lieux en personne, accompagné de dix mille soldats. On procéda aussitôt à l'exhumation, mais à peine eut-on commencé à creuser la terre, qu'il en sortit une flamme vive et pénétrante ; tous les ouvriers demeurèrent privés de la vue. Là-dessus, on jugea que le ciel s'opposait à l'enlèvement du corps. Un procès-verbal de l'événement, signé de vingt mille témoins oculaires, fut envoyé au calife, qui s'en contenta, n'imaginant pas, sans doute, que l'adresse et la fraude eussent produit le prodige (1).

Le cimetière des Mamlouks est à l'orient de la ville, et au nord de la pointe du Mokattam. Les tombeaux sont tous de marbre blanc et richement décorés. Quelques-uns s'élèvent en forme de dôme sur des colonnes ou des pilastres; les dômes sont sculptés et dorés. Ces monuments, jetés, pour ainsi dire, sur un sol nu et aride, produisent un effet pittoresque; la mort réside dans les tombeaux; hors des tombeaux la nature est morte; l'art seul est vivant sur ce champ de mort.

Le château du Caire, à mi-côte de Mokattam, renferme le palais du pacha, le quartier des janissaires et celui des azaph. Ce château, très-mal situé parce qu'il est dominé par la montagne, du sommet de laquelle on pourrait accabler la garnison, fut contruit l'an 572 de l'hégire d'ordre de Salah Eddin, fils d'Ayioub. Ce qui porta ce prince à faire bâtir cette forteresse, ce fut la crainte que lui causaient les partisans que les Fatimites conservaient dans la ville et le désir de se ménager un asile, en cas de mauvaise fortune. La mort de Nour Eddin, sultan de Syrie, l'avait dé-

(1) Vansleb dit qu'il y avait autrefois à Karafa trois cent soixante tombes ornées d'autant de petites mosquées où l'on recevait et nourrissait les pèlerins. A la longue, les pachas ont dépouillé ces pieux établissements de leurs revenus.

livré d'un dangereux ennemi ; il ne lui restait que les Fatimites, et il comptait leur imposer par l'aspect d'une forteresse. Les deux palais des califes, Asker et Kattai, devinrent le séjour de ses visirs et de ses émirs, et il s'enferma dans ses retranchements ; il mourut avant que les ouvrages fussent terminés. On ne reprit les travaux que l'an 604, sous le règne de Mélic Hadel Seif Eddin. Les successeurs de ce dernier firent construire au sommet de la montagne, du côté de l'orient, un pavillon, qu'on nomma *Kobbat-Alkawa* (pavillon du bel air); on y jouissait d'un coup d'œil magnifique ; il n'en reste que des ruines.

On voit dans ce château une grande salle ouverte de tous côtés ; douze colonnes de granit supportent le dôme qui la couvre. C'était là que Salah Eddin rendait la justice et que s'assemblait le divan ou conseil des ministres. Il y avait autrefois dans cette salle, dit Vansleb, une corde attachée à la voûte ; on y suspendait, les mains liées derrière le dos, les Caschiefs qui, à la fin de l'année, ne pouvaient rendre compte des taxes de leurs provinces ; on les flagellait avec des fouets armés de pointes de fer. Il y avait, en outre, une seconde salle, ouverte seulement du côté du nord ; la voûte reposait sur trente-quatre colonnes. Elle sert aujourd'hui de passage ; on a même fait des boutiques tout au tour ; c'est ce qu'on nomme le *divan de Joseph*. Il est à remarquer ici que Salah Eddin s'appelait lui-même Joseph, et que ce prénom seul a causé la méprise des Coptes et de leurs traditions qui attribuent au patriarche Joseph des monuments qui n'ont existé que plus de vingt siècles après sa mort. On visita encore avec intérêt un vaste appartement formant saillie sur le mur qui sert de revêtement à l'escarpement du rocher; il est soutenu en dehors par des arcades posées sur des piliers carrés de quarante pieds de diamètre. Cet appartement se compose d'une colonnade et d'une voûte; ce n'est, pour mieux dire, qu'une terrasse couverte, qui faisait partie de l'appartement des pachas, et où l'un d'eux a été étranglé. Depuis cet accident funeste, les pachas logèrent dans une autre partie du château, au milieu des décombres et des ruines. Comme ils n'avaient que trois ans à passer en Egypte, ils ne songeaient guère à réparer le lieu qu'ils habitaient; ils se contentaient de recevoir la somme annuelle qui leur était allouée pour frais d'entretien des bâtiments et des fortifications (1).

Le puits fameux qui porte le nom de *Puits de Joseph* est dans le château; il a 280 pieds de profondeur, et 42 pieds de circonférence ou d'ou-

(1) Ceci ne s'applique point au pacha actuel Méhémet, qui a su prolonger sa mission administrative, de manière à rendre son gouvernement héréditaire.

verture. Il se compose de deux excavations qui ne sont point perpendiculaires l'une sur l'autre. On arrive au fond de la première par une rampe assez douce qui tourne tout autour en spirale; cette rampe n'est séparée du puits que par une cloison épaisse de six pouces, taillée dans la roche même, et percée de croisées par lesquelles la rampe s'éclaire. Elle se termine à une espèce d'esplanade, au milieu de laquelle se trouve un grand réservoir qui reçoit l'eau qu'on fait monter du second puits par le moyen d'une noria, *nahourah*, que des bœufs font tourner (1). De ce bassin, l'eau monte au haut du puits par une machine du même genre. Cette eau n'est point bonne, quoiqu'elle vienne du Nil, parce qu'elle s'infiltre à travers une couche de sable mêlé de sel nitre. Ce puits, creusé en même temps que la citadelle fut construite, est l'ouvrage de Youssoub ou Joseph Salah Eddin, ou plutôt de son visir Karakousch, qui dirigea tous les travaux. On trouve encore à peu de distance du Nil, vis-à-vis de Fostat, entre Gizêh et les pyramides, les restes d'une chaussée et de plusieurs ponts (2) qui en unissaient les différentes parties. Elle avait

(1) On construit beaucoup de norias dans la campagne pour l'irrigation des terres. On les place ordinairement sous un arbre pour que le conducteur soit à l'abri du soleil. Ce conducteur a son siège suspendu à la barre qui traverse l'axe de la roue, et à laquelle sont attelés les chevaux, de sorte qu'il tourne sans cesse avec eux.

(2) Niéburg a vu quatre de ces ponts : deux de dix arches, un de

été faite d'ordre de ce ministre, pour la conduite des matériaux qui servirent à la construction de la citadelle. Le sultan Bibars fit réparer les arches du pont principal, l'an 708. Ces ponts avaient été jetés sur les divers canaux qui traversaient la chaussée.

L'école publique de la mosquée d'Askar n'a pas été le seul établissement de ce genre qu'ait possédé la ville du Caire. Ceux de ses habitants qui ne sont pas tout à fait étrangers aux jouissances de l'esprit, parlent encore avec l'expression du regret de la *Maison de la science*, où, protégés par les Fatimites, tous les savants du Caire se réunissaient, jurisconsultes, poëtes, érudits, astrologues et médecins. Cette académie, célèbre dans les premiers âges de l'islamisme, était due à la munificence du calife Hakem Béamrillah, qui, après l'avoir créée, l'an 395 de l'hégire, la dota d'une bibliothèque nombreuse, à laquelle il eut soin d'attacher des conservateurs richement salariés; elle était destinée à l'usage du public, qui était admis tous les jours et à toutes les heures. Huit ans après, le même prince fit venir de l'Arabie et de la Syrie plusieurs savants professeurs qu'il combla de biens, et en même temps il assigna des revenus à

cinq et l'autre de trois. Les deux premiers sont unis par une chaussée en maçonnerie; les deux derniers sont voisins de Dgizêh. Des inscriptions arabes apprennent que ces ponts ont été réparés en 716 et en 880 de l'hégire.

l'établissement lui-même, pour fournir à ses frais d'entretien.

La Maison de la science se soutint avec assez d'éclat jusqu'à l'an 516. A cette époque, deux hommes, dont l'un était foulon de profession, entreprirent de substituer des doctrines nouvelles à celles qu'on y professait. Ils eurent des prosélytes, on les poursuivit. Le foulon se disait invulnérable et d'une nature divine; il fut pendu, et sa mort put à peine désabuser ses disciples. Peu de temps après, la Maison de la science fut fermée; on en construisit toutefois une autre, mais les fondateurs furent obligés de recevoir des présidents et des secrétaires nommés par le prince. Après les Fatimites, cette seconde maison eut le sort de la première.

Le Caire doit beaucoup d'embellissements au vice-roi; c'est principalement aux environs de cette ville qu'il a fait d'importantes améliorations. L'île de Boulac et la ville qui s'élève sur le bord du fleuve, et qu'on peut regarder comme le faubourg du Caire, ont plusieurs édifices très-remarquables : la douane, les bains, le bazar, le collége, l'imprimerie arabe, turque et persane. Ce que nos voyageurs virent surtout avec intérêt, ce furent les manufactures d'indiennes et de soieries qui emploient huit à neuf cents ouvriers. Abou-Zabel, presque aux portes du Caire, a un grand hôpital qui reçoit douze cents malades et pourrait en recevoir six cents de plus ; Méhémet y a attaché une école de médecine et de chirurgie où l'on compte plus de trois cents élèves. Dans un petit village également voisin du Caire, nommé Choubra, Méhémet a fait bâtir une maison de plaisance où il passe presque tout l'été. On y remarque un jardin, dans lequel on ne sème que des graines étrangères dans l'intention d'acclimater les végétaux étrangers.

Il n'y avait plus ni promenade à faire dans la ville ni excursions au dehors, et il était déjà question entre nos voyageurs de quitter le Caire, de repasser le Nil à Dgizêh et de reprendre la route de Rosette à travers le Delta. Cependant Firmin n'avait pas oublié une promesse que M. Roland avait faite et qu'il devait remplir au Caire. C'était de lui présenter dans un tableau rapide les principaux traits des mœurs et des usages des Égyptiens ; il somma le gouverneur de dégager sa parole, et il le fit d'une manière à laquelle M. Roland ne pouvait résister ; il se ressouvint fort à propos d'un passage de Térence dans l'Andrienne, et lui dit : *Nunc maximè abs te oro ut beneficium verbis initum dudum, nunc re comprobes* (1).

M. Roland, qui en matière de citations ne pou-

(1) Maintenant, Chrémès, je vous conjure d'accomplir par le fait l'engagement que vous avez pris jadis envers moi en paroles.

vait pas être en reste, lui répondit en riant : « Je vois avec plaisir que vous avez bonne mémoire, et je conviens qu'il est temps que je remplisse ma promesse.

*Tempus est promissa jam perfici.*

Et je ne vous ferai pas attendre, car je sais que, pour qui attend, tout délai paraît long, comme dit Sénèque.

*Omnisque nimiùm longa properanti mora est.*

J'entre donc en matière, et je tâcherai d'être succinct.

« Les anciens Égyptiens regardaient comme un point essentiel l'éducation à donner aux enfants; une bonne éducation influe sur le bonheur de toute la vie. Ils leur indiquaient de bonne heure ce principe, un peu trop négligé dans la suite, que l'amour du travail, l'horreur du mensonge, la reconnaissance et l'économie sont des vertus essentielles. Le respect pour la vieillesse était aussi un des premiers sentiments qu'ils cherchaient à graver dans les jeunes cœurs, et les Égyptiens le poussèrent souvent jusqu'à une espèce de culte. Moïse, élevé parmi eux, dit aux Hébreux : Levez-vous devant le vieillard dont la tête est couverte de cheveux blancs.

« Sous un autre rapport l'éducation des enfants donnait peu de peine et n'occasionnait aux parents aucune dépense, ce qui ne laissait pas de prétexte pour se dispenser de ce soin. Les enfants n'avaient point de vêtements, on les nourrissait de fruits et de racines, rien ne s'opposait au prompt développement de leurs forces physiques tandis qu'ils s'accoutumaient à la frugalité. Pour ce qui concernait l'instruction, on les confiait aux prêtres, qui leur montraient à lire et à écrire, et, quand ils appartenaient à des familles riches ou d'un rang distingué, leur donnaient des éléments de grammaire, d'arithmétique, de géométrie et d'astronomie. Quelques écrivains ont avancé que l'étude de la musique entrait dans le plan général d'éducation pour la jeunesse, mais Diodore le nie, et, en vérité, je crois que Dicdore a raison si je dois en juger par la détestable musique actuelle des Égyptiens. Les prêtres d'ailleurs prétendaient que la musique énerve l'âme et devient dangereuse en excitant les passions.

« Le costume des Égyptiens, au temps d'Hérodote, consistait en une robe légère qu'on appelait calasiris; elle était de lin et garnie de franges par le bas; sur cette robe on mettait une bande d'étoffe de laine blanche, en guise de schal long. Quand on entrait dans un temple il fallait ôter tous ses vêtements, le calasiris excepté. Les Égyptiens modernes s'habillent ordinairement de blanc pour entrer dans les mosquées. L'habillement n'a presque jamais changé en Égypte. Quand Pockoke y a voyagé, il se composait d'une longue chemise à larges manches, attachée vers le milieu du corps. Au temps de l'expédition française, les Arabes n'avaient pour tout vêtement qu'une chemise descendant jusqu'aux genoux et assujettie par une ceinture. Une pièce d'étoffe, jetée par-dessus, leur servait de manteau ; quelques-uns même ne se couvraient que de ce manteau. Quant à la coiffure, tous les habitants de l'Égypte, Grecs, Juifs, Coptes, Arabes, Turcs, portaient le turban : celui des musulmans était blanc ou rouge, celui des Scherifs, vert. Les Juifs l'ont d'un brun terne ; les Coptes, bleu et plissé ; les Francs, les Syriens, les Arméniens, bariolé de plusieurs couleurs. Depuis l'administration de Méhémet, on s'est beaucoup relâché sur la sévérité du costume, et chacun s'habille à peu près à sa guise. Les Égyptiens commencent même à s'accoutumer au costume européen.

« Les beys, au temps de leur puissance, portaient, comme les Mamlouks, un large pantalon rouge, qui renfermait tous les pans de leurs robes, et leur montait jusqu'à la poitrine. Leur turban avait la forme d'un cône renversé. Les femmes ont des pantalons moins hauts, moins larges et ornés de broderies; leur turban est enrichi de perles et de pierres précieuses. Celles qui n'ont ni perles ni diamants, y attachent des pièces d'or et d'argent. Les personnes du peuple des deux sexes ont une tunique de toile bleue grossière et un pantalon de toile blanche; souvent même le pantalon est supprimé.

« Les Égyptiens se noircissent les paupières et teignent en rouge leurs ongles et la paume des mains. Quelques-uns se tatouent les bras et même le visage. Ils aiment beaucoup les bagues, les bracelets et les ornements de ce genre; ils portent souvent aux pieds des anneaux de cuivre et même de verre. Les femmes se couvrent le visage d'une pièce d'étoffe, large de sept à huit pouces, qu'elles appellent *borgo;* elles l'attachent au-dessous des yeux, de sorte que le front reste découvert. Les femmes conservent leurs cheveux, les hommes n'en gardent qu'une touffe sur le crâne, mais ils laissent croître la barbe, tout le reste est rasé avec soin; aussi les barbiers ont-ils beaucoup d'occupation en Égypte. Ils sont presque tous Grecs, grands parleurs et très-adroits.

« Une femme qui sort de chez elle et va dans les rues, se couvre d'autant de robes qu'elle en peut porter; une tunique de soie noire recouvre toutes ces robes et l'enveloppe elle-même tout entière. Les personnages considérables, tels que les scheifs, sont sur ce point comme les femmes;

plus ils portent de robes, plus le peuple a pour eux de considération, comme si le nombre des tuniques placées l'une sur l'autre constituait en dignité celui qui les porte.

« Les maisons de bains publics sont très-communes en Égypte, et très-fréquentées par les femmes, qui perdent promptement tout ce que la nature peut leur avoir donné de fraîcheur, par l'usage inconsidéré qu'elles en font, surtout par l'usage des bains chauds, ou, pour mieux dire, brûlants. Ces maisons de bains sont en général d'assez beaux édifices, propres et bien tenus. On y voit plusieurs pièces dont les unes sont communes; les autres forment des chambres particulières. Il n'existe, au surplus, aucune communication entre le côté destiné aux femmes et le côté des hommes. Ceux-ci, d'ailleurs, ne vont au bain que le matin, et les femmes, le soir.

« Les anciens Égyptiens étaient naturellement sérieux et tristes, *subfusculi sunt et atrati,* dit Ammien Marcellin, *magisque mœstiores.* Les prêtres cherchaient par divers moyens à les égayer ; ils leur offraient, dans leurs panégyres ou fêtes, la réunion de tous les plaisirs; mais les effets répondaient peu à leur zèle, et les Égyptiens n'étaient jamais véritablement joyeux. Il en est de même aujourd'hui, dit Nieburg; ils se livrent avec ardeur à l'appât qu'on leur présente, mais le fond du caractère se décèle toujours. On voit que l'Égyptien s'efforce de paraître content: on doute qu'il le soit. Quant au caractère considéré sous le rapport moral, la peinture qu'on fait des Égyptiens modernes donne de leurs pères une opinion peu avantageuse : « La paresse et la poltronnerie, a dit Vansleb dès le commencement du dix-septième siècle, sont leurs vices capitaux; Arabes et Coptes, tous en sont infectés. Pour moi, je les ai vus, passant la journée à fumer, à prendre du café, à causer ou à dormir, restant couchés une partie du jour sans autre jouissance que le *dolce far niente* des Italiens, le plaisir de ne rien faire : ils méprisent l'instruction, parce qu'ils n'en connaissent pas les avantages : aussi refusent-ils de l'acquérir, s'accommodant fort bien de leur grossière ignorance. Ils n'en sont pas moins orgueilleux, n'estimant qu'eux-mêmes et regardant avec dédain tous les étrangers. Toutefois, il faut dire que les nombreuses leçons qu'ils ont reçues de l'armée française les ont un peu corrigés de leur présomption.

« Vansleb accuse encore les hommes du peuple d'être menteurs, voleurs et si âpres au gain, qu'ils sont capables de tout pour une chétive pièce de monnaie. Inconstants et légers, ils oublient si vite leurs promesses, qu'on ne saurait compter sur leurs engagements les plus solennels. Ils sont, au surplus, grands parleurs.

« La paresse, que les historiens de tous les âges ont reprochée à ces peuples, qui d'ailleurs ont l'esprit vif et l'imagination prompte, vient de l'éducation autant que du climat. Lorsque cette idée dominante : *tout arrive comme Dieu le veut,* devient la seule règle de conduite, elle doit produire à la longue une insouciance complète pour tous les événements, et de cette insouciance à la paresse il n'y a qu'un pas. Des hommes que le climat dispose à la nonchalance, ne sont pas fâchés de donner pour prétexte qu'il est inutile d'agir, puisqu'en agissant on n'empêcherait pas les choses d'arriver comme il est écrit qu'elles arriveront. Toutefois, ils ne manquent ni d'adresse ni d'industrie; ils exécutent des ouvrages assez difficiles avec peu d'outils, recommençant vingt fois, s'il le faut, la même chose, avec une patience exemplaire, jusqu'à ce qu'ils aient réussi. Ils sont sobres, agiles, bons nageurs; ils font de bons soldats quand ils ont le courage dont les soldats ne peuvent se passer. Les Coptes sont presque tous charpentiers et menuisiers; les musulmans, tisserands et maçons; les Francs, les Grecs, les Juifs, horlogers et orfèvres.

« Les Arabes sont grands amateurs de contes et conteurs eux-mêmes, mais ils mêlent à leurs récits des digressions sans fin. Du reste, leurs historiettes abondent toujours en événements extraordinaires, ce qui n'empêche pas le dénouement de se faire d'une manière simple et naturelle, quelque compliquée que soit l'intrigue. Quand le conte est fini, les auditeurs raisonnent, discutent, commentent tout ce qu'ils ont entendu, ce qui donne lieu à mille digressions nouvelles.

« Les Égyptiens ont hérité de leurs ancêtres la coutume de se faire réciproquement des présents. On ne manque pas une occasion d'en envoyer à ses connaissances, afin d'en recevoir; car un Égyptien ne donne rien qu'à charge de revanche. Quand deux Égyptiens se rencontrent, ils se saluent en portant la main gauche, du genou sur la poitrine, ce qui signifie dévouement et affection : les personnes de la campagne se frappent dans les mains.

« En tout temps, un Égyptien se lève avec le soleil; après s'être purifié par des ablutions, il fait sa prière, prend ensuite son café et sa pipe. Les esclaves se tiennent au fond de l'appartement, les bras croisés sur la poitrine, attendant les ordres du maître. Après le déjeuner, il s'occupe d'affaires. Le dîner se fait à midi; il consiste en mets peu variés, mais abondants. Il mange, ainsi que ses convives, assis ou couché sur des tapis autour de la table, et au lieu de cuiller et de fourchette il se sert de ses doigts. Après le dîner, il dort. S'il s'ennuie chez lui, ce qui lui arrive souvent, il s'en va chez un marchand du voisinage, marchande le premier objet qui tombe sous sa main, et, sans intention d'acheter, discute le prix pendant une heure. Le marchand sait se prêter à cette bizarre fantaisie.

« Dans chaque famille, les vieillards sont entourés de considération et d'hommages, ce qui rend leur humeur douce et accommodante. Si un jeune homme rencontre un vieillard, il lui cède toujours le pas, fût-il d'une condition bien inférieure. Il en est de même lorsqu'un vieillard entre en un lieu où se trouvent des jeunes gens. Les Grecs avaient emprunté des Égyptiens ce trait de caractère.

« La plupart des maisons des riches ont un puits, une salle de bains et un moulin à blé. On puise l'eau au moyen d'une noria qu'un bœuf fait tourner; elle est reçue dans un réservoir, d'où elle se distribue en cascades ou en jets d'eau dans les diverses pièces de la maison. Le bain consiste un un grand bassin, pavé en mosaïque et garni de siéges dans l'intérieur. Autour du bassin sont des divans ou lits de repos. Ces divans se composent de matelas de coton recouverts de tapis et de coussins qui servent d'appui. Le plancher est aussi couvert de tapis ou de nattes de jonc. C'est là que, mollement étendus, les Égyptiens passent les trois quarts de leur vie, buvant du café et fumant, ayant l'air de rêver profondément et ne pensant à rien. L'inaction, le repos parfait, la liberté de ne rien faire, voilà pour un Égyptien le bonheur suprême. S'il est avare, avide, égoïste, cruel, c'est afin de parvenir à cet état de mollesse et de complète inutilité. Les divans servent aussi de lits pour la nuit. Les Égyptiens n'ont point de draps de lit; ils s'enveloppent d'une simple couverture.

« Le mobilier d'un Égyptien, même du plus riche, est toujours fort simple et de peu de valeur; il se compose de meubles et d'ustensiles. Les premiers consistent uniquement en nattes, matelas et tapis; les seconds sont de trois sortes : les uns sont de terre et servent à tenir l'eau et les liqueurs; on les appelle *bardaques;* ils sont extrêmement anciens, car on les voit représentés sur les plus vieux monuments (1). J'ai déjà fait mention de la propriété qu'ont ces bardaques de rafraîchir l'eau. On en extrait la matière d'une montagne de roche argileuse, tendre, friable, et se réduisant, lorsqu'on y mêle un peu d'eau, en une pâte molle et ductile, qui prend aisément toutes les formes. On fait sécher les jarres d'abord à l'ombre, ensuite au soleil; un feu léger de paille ou de feuilles de palmiers suffit pour leur donner le

(1) Suivant ces représentations, soit sculptées, soit peintes, l'usage des femmes qui allaient chercher de l'eau était de porter leurs jarres sur la paume de la main à la hauteur des épaules, ce qu'elles faisaient en tenant l'avant-bras droit et appliqué sur le côté. M. Galland prétend que les modernes Égyptiennes font encore de même.

degré de cuisson nécessaire. Pour lui donner plus de saveur, les Égyptiens sont dans l'usage de parfumer leurs bardaques avec du benjoin, de la fleur d'orange ou des aromates. Les ustensiles de fer forment ceux de la seconde espèce; ils ressemblent beaucoup par leur forme à ceux des Hindous; ce sont quelques plats, un plus grand nombre d'assiettes, une bouilloire où l'on fait le bouillon comme le café, une casserole qui sert de même pour les ragoûts et pour les breuvages frais. Un plateau quelquefois d'argent, plus rarement d'or, pour servir le café aux étrangers ou aux personnes qu'on veut honorer, un aspersoir pour arroser les convives d'eaux de senteur, une aiguière (1) pour offrir à laver avant et après le repas; un parfumatoire ou cassolette de fer ou d'argent : tels sont les ustensiles que les riches ajoutent au mobilier ordinaire.

« La paresse est la divinité des Égyptiens; un étranger la voit partout, chez le pauvre comme chez le riche, dans la chaumière ou l'atelier de l'artisan comme dans les palais. Les ouvriers semblent moins appliqués à leur travail qu'au soin de s'épargner du mouvement et de la fatigue. Outre qu'ils évitent toute espèce d'innovation, de peur d'y trouver un surcroît de peine,

(1) Cette aiguière est à double fond, celui du dessus est percé de petits trous; l'eau tombe dans la partie inférieure à mesure qu'elle a servi et qu'on la verse.

ce qui les empêche de rien perfectionner : ils ne travaillent jamais qu'assis, quelle que soit leur profession. La paresse ne gagne pas moins les autres classes : un Égyptien ne fait les choses que lorsqu'il ne peut pas s'en dispenser; c'est à cette nonchalance, à cette incurie, qu'on doit attribuer le peu de durée qu'ont aujourd'hui en Égypte les édifices même les mieux construits; car on ne les répare jamais. Plutôt que d'y faire le moindre travail, ils laissent leurs maisons s'écrouler, et ils vont s'établir ailleurs; aussi voit-on autour des villes et des villages des montagnes de ruines et de décombres.

« Les Égyptiens se sont adonnés de tout temps à l'astrologie. Cet art fantastique, né dans la Chaldée, passa de la Chaldée en Égypte avec le culte du soleil et des étoiles; il devint dans cette dernière contrée une branche importante des spéculations philosophiques des prêtres, et finit par produire toutes les chimères de la divination. Quand Joseph eut fait amener devant lui ses frères accusés de lui avoir dérobé sa coupe d'argent : « Ignoriez-vous, leur dit-il, que je possède l'art de deviner? » Mais les Égyptiens ne se bornèrent pas à prédire l'avenir par l'inspection des astres, ils eurent recours aux prétendues opérations magiques. On peut voir dans la Bible ce qui concerne les magiciens de Pharaon, imitant les prodiges que Moïse exécutait. Les Égyptiens modernes ont aussi leurs magiciens, mais la science des *Talbéhs* se borne à indiquer le lieu qui recèle un trésor, ce qui offre un puissant attrait aux habitants de l'Égypte et surtout aux Arabes, dont la crédulité sur ce point égale l'avidité. Les Talbéhs ont tous un petit livret chargé de caractères arabes ou bérébères; ils disent que c'est la copie du livre qui renferme l'indication de tous les trésors. Au sujet de ce livre, Macrisy rapporte qu'une tradition égyptienne et syrienne, très-répandue, a fait croire aux Arabes que, lorsque les Grecs furent expulsés de l'Égypte par les armées des califes, ils cachèrent leurs trésors dans des parages solitaires, et qu'ils déposèrent dans un livre tous les renseignements qui devaient un jour servir à faire retrouver les objets enfouis. Ce livre, ajoute l'historien arabe, fut mis dans la grande église de Constantinople; d'autres prétendent qu'il datait de beaucoup plus loin que la conquête d'Amrou, puisqu'il fut l'ouvrage des anciens Égyptiens subjugués par Cambyse ou par les Grecs eux-mêmes, et que ceux-ci l'emportèrent en s'éloignant.

« Comme il est arrivé quelquefois que les chercheurs de trésors ont, à force de fouilles, découvert des objets précieux, la cupidité s'est excitée à tel point que tous les monuments respectés par le temps ont été dévastés, et les Arabes, qui ne cessent de fouiller et de bouleverser pour leur compte, s'opposent à toutes les recherches qui n'auraient pour objet que l'intérêt de l'art ou de l'histoire ancienne, parce qu'ils supposent que c'est à leurs trésors qu'on en veut (1). Ils n'ignorent pas que les anciens Égyptiens enterraient avec leurs momies des idoles et des bijoux précieux; ils savent aussi que les Persans ouvrirent tous les tombeaux pour en tirer les richesses qu'ils contenaient, et que les Grecs après eux ont violé de même l'asile des morts; mais ils se flattent toujours que ceux qui les ont devancés n'auront pas tout pris. Il fut un temps, dit Ebn-Khaledoun, où la passion de chercher des trésors était si générale (2), qu'on en fit un métier sujet à la taxe comme genre particulier d'industrie; cet impôt, il est vrai, ne tomba que sur des fourbes et des imbécilles.

« Quand un Talbéh croit pouvoir faire des dupes, il trace secrètement dans un lieu retiré les marques indiquées par son livret, et c'est vers ce lieu qu'il dirige ensuite les fouilles. La découverte des indices annoncées par le Talbéh remplit d'espérance et de joie celui qui s'est

(1) Les Arabes sont tellement persuadés que tous les monuments renferment des trésors, qu'ils volèrent à Pockoke son livre de dessins des antiquités de Thèbes, de peur que ces dessins ne fournissent aux Anglais les moyens de leur enlever les monceaux d'or qui existent sous ces ruines.

(2) Sous le règne de Mélic-Alaschraf Schaban, l'un des derniers Mamlouks Bahrites, qui régna jusqu'à l'an 778 de l'hégire. Ebn-Khaledoun écrivait deux ou trois ans après.

laissé aller à ses vaines promesses. C'est le moment que le Talbéh choisit pour demander de l'argent, afin d'acheter les drogues nécessaires, avec lesquelles il doit faire les fumigations et les opérations qui peuvent seules neutraliser la puissance du talisman établi à la garde du trésor. Tous ces Talbéhs ont un jargon ou argot au moyen duquel ils s'entendent sans être compris de ceux qui les emploient. Les habitants du Caire sont accoutumés à vivre dans l'indolence et le désœuvrement.

« Lorsque le tonnerre se fait entendre, ce qui est très-rare en Égypte, les Égyptiens disent qu'un ange fait rouler et heurter les nuages, mais que cet ange est si petit, qu'on ne saurait le voir; d'autres disent que le bruit du tonnerre est la voix d'un esprit envoyé de Dieu, quand les hommes deviennent méchants, pour leur reprocher leur perversité; quant à l'éclair, c'est le feu du ciel qui sort par une porte que l'ange ouvre de temps en temps pour avertir qu'il va parler.

« Les Égyptiens ont toujours été de fort mauvais peintres; mais aujourd'hui les Coptes sont si loin d'avoir même l'idée de la peinture, qu'ils ne savent pas distinguer les objets dont on leur montre la représentation, quelque fidèle qu'elle soit. Ils prennent indistinctement toutes les peintures pour des images de Saints, et ils se prosterneraient devant un tableau de Téniers comme devant la plus belle vierge de Raphaël. Les Arabes, au contraire, surtout ceux du Haut-Saïd, dont l'imagination est vive et inquiète, tombent dans un autre excès. Si on s'avisait de les peindre, ils s'écrieraient en fuyant qu'on en veut à leur vie ou à leur santé; ils s'imaginent que l'homme qui se laisse peindre ne tarde pas à voir ses membres se dessécher. Un peintre français, attaché à l'expédition, peignit le chef d'une caravane nubienne. Tant que le Nubien ne vit que l'esquisse faite au crayon, il parut fort content; mais lorsque, par l'application des couleurs, il vit son image se détacher, pour ainsi dire, du fond du tableau, il tomba dans un accès de fureur et de désespoir, disant qu'on lui avait pris la tête, les bras et la moitié du corps.

« Les anciens Égyptiens eurent, dit-on, une infinité d'usages et de coutumes qu'on ne trouvait que chez eux, et qui en faisaient un peuple différent de tous les autres peuples. Hérodote a le premier accrédité cette idée, sur laquelle ont enchéri les écrivains postérieurs; il semble qu'en parlant d'un pays où la nature s'écarte des règles ordinaires, c'eût été blesser la vraisemblance que de convenir que ses habitants ne se distinguaient pas du reste des hommes; mais des préventions de ce genre sont de mauvais auxiliaires pour écrire l'histoire; afin de rapporter les faits au système qu'on a conçu, on prend des particularités pour des usages, et souvent avec du talent, de la bonne foi même, on franchit les bornes de la vérité. Ainsi Hérodote avait dit que les femmes jouissaient en Égypte d'un grand ascendant, parce que peut-être il avait vu quelque femme tenir son mari sous sa dépendance; et Diodore, allant beaucoup plus loin que son devancier, dit qu'en toute occasion la femme était la maîtresse; il ajoute que c'était en vertu d'une clause insérée au contrat de mariage, assertion démentie par mille faits contraires, et que M. de Montesquieu n'aurait pas dû adopter.

« Suivant le même Hérodote, la loi n'obligeait pas le fils à nourrir son père; elle n'y obligeait que les filles.

« J'aurais encore bien des choses à vous dire sur les funérailles des Égyptiens, sur l'embaumement de leurs cadavres, sur les momies, sur leur système de résurrection des corps pour que les âmes revinssent s'y loger, et sur mille autres matières, telles que le gouvernement des Pharaons, la religion, les diverses doctrines des prêtres, les mystères d'Isis, la philosophie égyptienne; mais tout cela est du domaine de l'histoire, et nous pourrons y revenir plus tard; maintenant je dois me borner à quelques particularités sur le Nil, que les Grecs appelèrent Neilos, parce qu'ayant trouvé dans la supputation des nombres exprimés par les six lettres dont le mot se compose, 50, 5, 10, 30,

70, 200, un total de 365, ils regardèrent le mot lui-même comme l'emblème de l'année que les crues périodiques rendent heureuse et abondante. »

---

## CHAPITRE XII.

La crue du Nil. — L'ouverture des canaux. — Retour à Rosette. — Départ pour la France.

« Les historiens et les géographes, continua M. Roland, ont parlé de tentatives faites en Éthiopie à diverses reprises pour détourner le cours du Nil et lui ouvrir une issue vers la mer Rouge, et on a beaucoup disserté sur les probabilités de succès; mais il paraît avéré qu'en plusieurs circonstances les rois de l'Abyssinie ont menacé les Égyptiens de leur enlever le bienfait des crues en faisant prendre au Nil une autre direction, et que les Égyptiens, tremblant pour leur pays, ont fait à leurs voisins les concessions que ceux-ci exigeaient.

« Les causes de la crue du fleuve n'ont pas moins exercé l'imagination des écrivains, tant anciens que modernes. Les systèmes les plus absurdes sont nés de ces discussions, et les Arabes qui, sans la moindre ambiguité, indiquent les pluies équinoxiales comme la vraie cause des débordements, n'ont pas été consultés. La crue commence vers la fin d'avril ou les premiers jours du mois suivant; mais elle se fait alors si lentement, qu'elle est imperceptible. Les Coptes, qui veulent que tout dans le Nil soit merveilleux, la font commencer tous les ans à jour fixe, c'est-à-dire le 12 de leur mois de baoni, qui répond au 17 juin. A cette époque, en effet, la crue se manifeste par plusieurs symptômes. Dès les premiers jours, les eaux se troublent, ou même se corrompent, ce qui vient probablement de ce qu'en traversant l'Abyssinie, les eaux, en lavant ses campagnes, se sont chargées d'impuretés. Les vents du midi, qui ont régné jusqu'à cette époque, jettent sur le fleuve des miasmes putrides; mais au premier souffle du vent du nord tout change dans la nature et dans les habitudes des animaux. Tout semble prendre une vie nouvelle, et ce changement presque subit est considéré par les Coptes comme le premier bienfait de la crue.

« Les écrivains sont assez peu d'accord sur le jour précis où tombe du ciel la *goutte* miraculeuse; les Égyptiens désignent par ce nom une rosée abondante qui ne tombe qu'une fois tous les ans à pareil jour, et dans l'opinion générale du peuple, c'est dans la nuit du 17 au 18 juin qu'a lieu le prodige. Comme on attache à cette rosée la vertu la plus grande, tous les Égyptiens, hommes, femmes, enfants, vieillards imaginent mille moyens, tous plus chimériques les uns que les autres, de s'assurer que la *goutte est tombée*. Les Musulmans, non moins amis du merveilleux que les Coptes, s'associent à ces épreuves cent fois démenties par l'événement; ils partagent leurs craintes, leurs espérances, et leur foi sur ce point est si grande, qu'elle les amène en foule aux églises où ils entendent la messe et unissent leurs dévotions aux prières des Coptes.

« Ce qui est certain, c'est que la crue commence et finit toujours vers les mêmes époques; mais sa hauteur n'est pas toujours la même, et les eaux s'élèvent plus ou moins en Égypte, suivant que les pluies de l'Ethiopie ont été plus ou moins abondantes. Comme de la hauteur de la crue dépend l'abondance ou la stérilité du pays pour l'année, leur sollicitude doit peu nous surprendre; car si la crue est trop faible, les terres ne sont point inondées et la récolte manque; si elle est trop forte, les terres sont submergées, les eaux y séjournent trop longtemps, le temps d'ensemencer se passe, et la récolte manque de même. Or une récolte médiocre produit la disette, le défaut de récolte produit la famine, et la famine en Égypte fut toujours le plus terrible des fléaux.

« La hauteur à laquelle il faut que le Nil parvienne pour inonder les terres sans les submerger a beaucoup varié depuis le temps d'Hérodote ; ces variations ne tiennent peut-être qu'à la différence des mesures dont on s'est servi ; l'exhaussement progressif du sol ou du lit du fleuve y a probablement aussi contribué. Depuis le commencement de l'ère chrétienne ou plutôt depuis le temps d'Hérodote jusqu'à la fin du seizième siècle, la bonne crue s'est soutenue entre quinze et dix-sept coudées. A cette époque, il fallut que la crue atteignît la vingt-unième coudée ; mais souvenez-vous de ce que nous avons remarqué au sujet du Mikias dont l'autorité est irrécusable ; or ce nilomètre, restauré par les Français au temps de l'expédition, n'a que dix-huit coudées quatre doigts de hauteur totale ; ce qui n'empêche pas le gouvernement de faire publier que la crue s'élève à vingt-deux ou vingt-trois coudées ; c'est une concession aux préjugés du peuple.

« Les anciens Égyptiens, ignorant à quelle cause ils devaient attribuer la crue périodique de leur fleuve, en faisaient honneur à leurs dieux. Aussi, tous les ans, pour témoigner leur reconnaissance, ils jetaient une jeune fille vivante au milieu des eaux. Cette coutume barbare avait survécu à la destruction du paganisme, car Amrou-ben-al-As la trouva encore établie. Il la défendit sous les peines les plus rigoureuses; mais pour concilier autant que possible la politique avec l'humanité, il permit aux Coptes fanatiques de sacrifier au Nil une statue de terre. Le Gaznevi raconte qu'il n'y eut pas de crue cette année, ce qui causa de violents murmures. Le calife, informé par son général de ce qui se passait, écrivit au Nil, en le menaçant de le faire couler dans un désert, en transplantant en Arabie ou en Syrie tous les habitants de l'Égypte, si désormais il ne se contentait d'une image de terre. La lettre du calife fut jetée dans le Nil avec de grandes solennités, et l'auteur arabe ajoute fort sérieusement que le Nil, durant la nuit qui suivit la cérémonie, s'éleva de quatorze coudées.

« Les publications relatives à la crue ne commencent à se faire au Caire que vers les derniers jours de juin, car c'est alors seulement qu'elle devient sensible; mais on ne procède à l'ouverture du Colischt, c'est-à-dire du canal qui porte les eaux du fleuve dans la ville, que lorsque le Nil a atteint toute sa hauteur, ce n'est qu'après l'ouverture du Colischt du Caire qu'il est permis d'ouvrir les autres canaux, le 15 septembre dans la Haute-Égypte et le 24 dans le Delta. L'ouverture du Colischt est toujours l'occasion d'une grande fête. Le pacha et les beys y assistaient avant l'installation de Méhémet-Ali, qui, de son côté, s'est conformé à l'usage. Quand Bonaparte était en Égypte, il présida en personne à cette cérémonie, mais il n'y parut point, comme on l'a dit, en robe longue et en turban. Quiconque rompt les digues avant l'époque fixée est puni de mutilation ou de mort, suivant la gravité des cas.

Les terres ne commencent à se découvrir que vers les premiers jours de novembre, bien que les eaux aient cessé de croître depuis environ quarante jours; mais les Coptes sont persuadés que le décroissement a lieu dès le vingt-quatre septembre, et ce jour, auquel ils célèbrent l'Exaltation de la sainte Croix, est encore pour eux un grand jour de fête, comme celui de l'ouverture.

« Les Égyptiens attribuent des qualités merveilleuses aux eaux du Nil; mais il n'en est pas moins vrai qu'elles sont presque toujours troubles, sales et fangeuses; on ne peut s'en servir qu'après les avoir laissées déposer leur limon, ou même après les avoir clarifiées par divers procédés. Nous avons tous éprouvé, quand nous avons dû en faire usage, qu'elles incommodent les étrangers qui n'y sont pas accoutumés. Vansleb leur contestait les qualités que les Coptes leur prêtent; Volney a tenu le même langage; les expériences faites par ce savant et plus tard par la commission d'Égypte ont prouvé qu'elles sont de beaucoup inférieures aux eaux de la Seine et en général à celles de nos rivières. Mais si les eaux du Nil sont peu propres à la boisson, le limon du fleuve, gras, noir, chargé de sel, est éminemment propre à la fécondation.

« Les anciens prêtres de l'Égypte étaient si persuadés de la vertu vivifiante de ces limons, qu'ils prétendaient que les premiers hommes en avaient été formés. Diodore, parlant du système égyptien de la création, dit que, la terre et l'eau ayant été séparées, les rayons du soleil produisirent sur la première une grande fermentation, par suite de laquelle s'élevèrent plusieurs excroissances sur sa surface encore molle et fangeuse; de ces excroissances sortirent tous les animaux, l'homme compris. Après la retraite des eaux, dit le même historien, toujours sur le rapport des prêtres, les limons échauffés par le soleil produisent des rats en grand nombre; et comme ce n'est qu'en Égypte que ce prodige s'opère, il est évident que c'est en Égypte qu'il faut chercher la patrie des premiers hommes.

— Belle conclusion, et digne de l'exorde!

dit Firmin en riant. — Je ne crois pas, reprit M. Roland, que des hommes qui passaient généralement pour éclairés et judicieux fussent persuadés au fond du cœur que les limons du Nil pussent produire des animaux d'aucune espèce; mais cette fable grossière flattait leur orgueil : ils la laissaient subsister. Peut-être même ne faut-il voir là que les restes d'une tradition antédiluvienne, transmise par les enfants de Noé à leurs descendants, mais dénaturée par ces derniers. Au surplus, faut-il s'étonner de trouver chez les prêtres d'Égypte cette étrange physique, lorsqu'au milieu du dix-septième siècle, les Européens ont fait sur cet objet de sérieuses recherches. On avait poussé la crédulité jusqu'à demander au Caire des renseignements positifs sur la création des rats par les limons du Nil. Ce fait est consigné dans le journal des savants de 1685. On répondit du Caire qu'on n'avait jamais vu des rats de cette espèce; il n'en est pas moins vrai qu'à Paris même on avait cru la chose possible. La fable grecque de Prométhée, qui anime un peu de limon pétri de ses mains au moyen du feu céleste qu'il a dérobé, est évidemment calquée sur la fable égyptienne.

« Nous aurions encore beaucoup de choses à dire sur le Nil. Mais nous ne saurions en dix jours épuiser la matière. D'ailleurs il est temps d'en finir, et je me souviens à propos du précepte d'Horace :

*Est modus in rebus; sunt certi denique fines*
*Quos ultrà citràque nequit consistere rectum.* »

La petite troupe partit du Caire vers le milieu du mois de mai; le fleuve commençait à prendre une teinte verdâtre, ce qui annonçait le commencement de la crue: cette teinte est produite par une mousse très-déliée, qui se forme dans les flaques et dans les mares de l'Éthiopie. Les premières eaux qui passent sur ces mares se chargent des mousses et même des vers dont elles sont remplies; quand elles arrivent en Égypte, elles n'ont pas eu encore le temps de déposer ces corps étrangers, et comme les pluies vont toujours augmentant, elles finissent par former des courants rapides qui entraînent les terres et poussent devant eux les premières eaux. C'est là ce qui donne à celles du Nil les qualités précieuses qui les rendent si incommodes pour les étrangers.

On passa le Nil au-dessous de Boulac, et l'on prit la route de Terranêh, village peu considérable, qui s'est élevé sur l'emplacement de l'ancienne Ternoudez des Grecs, Terrerouti des Coptes. La ville ancienne s'étendait sur les deux rives du Nil. Elle avait un grand nombre d'édifices bâtis en brique. Elle fut complétement dévastée au temps du calife fatimite Obeidallâh. Au-dessous de Terranêh commence le canal que Méhémet-Ali a fait recreuser; il conduisait autrefois les eaux au lac Mariotis, il les conduit maintenant à Alexandrie. Entre ce canal et la branche occidentale étaient jadis deux villes contiguës mentionnées par Ptolémée et Strabon: Andropolis et Gynécopolis (ville des hommes et ville des femmes). Un peu plus loin on trouvait l'*Hermopolis parva* des Grecs sur le lieu ou près du lieu qu'occupa la ville moderne de Damanhour, qu'un tremblement de terre renversa l'an 707 de l'hégire, et que le sultan Borkouk releva et entoura de murailles quatre-vingt-dix ans plus tard; un canal qui va se dégorger dans celui d'Alexandrie baigne le pied de ses remparts. Les maisons, de même que celles de Ramanièh, ne sont que de terre et de paille hachée. Son territoire fournit au commerce et aux manufactures du pays une grande quantité de coton.

Nos voyageurs touchaient au terme de la carrière qu'ils avaient voulu parcourir; il restait, il est vrai, quelques lieux à visiter, soit dans les déserts de la Thébaïde, soit dans ceux de l'occident; mais les deux jeunes gens montraient le plus vif désir d'arriver à Rosette : Firmin pour y prendre quelques jours de repos, ayant assez vu, disait-il, des plaines de sable, des rochers nus, des maisons de boue et de paille, et des débris qu'on ne peut aborder sans accuser de barbarie les divers conquérants de l'Égypte, sans accuser de lâcheté les peuples qui ont si mal défendu leur patrie; Edmond, de son côté, brûlait de partir pour la France; et M. Roland ne se souciait pas trop d'une excursion dans la Thébaïde, ou dans le désert de Nitrie, vaste plaine de sable jadis peuplée d'anachorètes et de moines, aujourd'hui abandonnée aux Bédouins; Firmin trancha la difficulté.

« Il est peu de lieux en Égypte, dit-il, que M. Roland n'ait eu occasion de visiter ou qu'il ne connaisse; nous n'arriverons guère que demain à Rosette, et d'ici là le chemin ne paraît pas très-gai; eh bien! M. Roland nous parlera de ce que nous n'avons pu voir, et ses récits, que nous écouterons avec autant d'attention que de plaisir, nous rendront beaucoup moins sensibles les fatigues et l'ennui de la route.

— Vous le voulez, mes amis, répondit M. Roland; j'y consens Au surplus, je ne serai point long, et sans préambule j'entre en matière, car j'ai appris avec Lucain que, lorsqu'une chose est à faire, il ne faut pas y mettre de délai.

*Tolle moras; semper nocuit differe paratis.*

« De Terranêh, que nous avons traversé il y a deux jours, jusqu'aux rivages de la mer, du midi au nord, et de la branche occidentale du fleuve jusqu'au Bahr-Belama ou fleuve sans eau, de l'est à l'ouest, l'Égypte n'offre qu'une plaine aride, coupée de collines de sable et de marais pleins d'une eau saumâtre et nitreuse. Les Coptes donnent à ces tristes contrées le nom de désert de Nitrie ou de Saint-Macaire, parce qu'elles renferment les lacs de Natrum, et parce que le saint y passa une grande partie de sa vie. Les Arabes les désignent par le nom de vallée de Habib, parce qu'elles servirent de retraite à l'un des compagnons du prophète durant les troubles qui s'élevèrent pendant le califa d'Othman. On les appelle aussi désert de Schyêth : c'est le *Schiathis* de Ptolémée, le Scétis ou Scythium des Latins. Ce nom sert quelquefois à désigner la colline même sur laquelle est bâti le monastère.

« Ce désert, suivant Macrisy, produit, outre le natrum, du zinc, du papyrus et de la pierre d'aigle. A mi-côte de la colline existe une source qu'on appelle *fontaine du corbeau ;* son bassin, long de quinze coudées sur cinq de large, est au fond d'une grotte; l'eau en est abondante et bonne, chose rare en Égypte. Il y eut jadis sur cette colline plus de cent monastères; au temps de Macrisy, il n'en restait que sept, et, depuis, ce nombre a diminué. Les auteurs coptes prétendent qu'à l'époque de la conquête soixante mille moines allèrent à Terranêh offrir leur soumission au général arabe, qui leur concéda une charte qu'on conserve, dit-on, encore au couvent de Saint-Macaire. Près de la colline de Schiêth est une autre colline qui porte plus particulièrement le nom de Nitrie. On assure qu'on y voyait avant la conquête cinquante couvents et cinq mille ermites. Macrisy parle d'une église très-vaste à laquelle ces ermites se rendaient le samedi et le dimanche, et d'une hôtellerie où les étrangers étaient entretenus aux frais des moines pendant une semaine, et, ce délai passé, à la charge de travailler pour l'église.

« Le monastère de Saint-Macaire, reconstruit dans le douzième siècle, a une vingtaine de moines, vivant avec beaucoup d'austérité, mais végétant dans l'ignorance commune à tous les Coptes. L'enceinte extérieure du couvent a trente-deux toises de front sur cinquante-cinq de profondeur. Le mur, épais de six pieds, s'élève à six toises au-dessus du sol. L'intérieur se compose d'un édifice où l'on ne peut s'introduire que par un pont-levis qui s'appuie par une de ses extrémités sur le mur d'enceinte. Les étages inférieurs servent de magasins, les logements sont dans la partie supérieure; un hangar, un très-petit jardin, des caves et une ou deux chapelles occupent le reste du terrain. Les moines ont dans cette enceinte deux sources d'eau saumâtre, mais on assure qu'en creusant dans le sable à quatre ou cinq pieds de profondeur on trouve de l'eau douce. La porte d'entrée, haute de quatre pieds seulement, est garnie de fortes lames de fer; elle ne s'ouvre presque jamais; elle est masquée en dehors par des blocs de granit et des tronçons de colonnes. Tout le terrain environnant forme un glacis dont la pente est vers le monastère, de sorte que l'édifice se trouve au fond d'une conque. Les moines se servent pour entrer et sortir d'une ouverture existant à vingt pieds au-dessus du sol et d'une espèce de grand panier suspendu à une grosse corde qui s'élève et s'abaisse au moyen d'un tour et d'une manivelle.

« Entre Saint-Macaire et les lacs de Natroun, on trouve les deux couvents des Syriens, qu'on désigne par les noms de Embab-Bischoï et Deïr-Sahideh, à deux cents toises l'un de l'autre; tous deux ont de très-bonne eau. Il y a encore dans le désert de Saint-Macaire un quatrième couvent qu'on appelle Bahr-Amoufs. On y voit cinq à six moines grecs. Tous ces couvents, au surplus, de même que ceux de la Thébaïde, tombent en ruines, les Turcs ne permettaient pas aux moines de les réparer.

« Les lacs de Natroun sont peu distants de Saint-Macaire; la soude y abonde; le sable du rivage se couvre d'une croûte de sel. Les naturels y vont chercher sous l'eau des cristaux de sel marin. Quelques-uns de ces lacs ont jusqu'à deux lieues de long, mais ils sont beaucoup moins larges.

« Entre Siouth et Tahta, au pied de la chaîne libyque, on voyait, il n'y a pas encore cinquante ans, deux monastères, qu'on appelait le Monastère-Rouge et le Monastère-Blanc. Le premier devait son nom à la couleur des briques dont il était construit; les Mamlouks l'ont brûlé durant l'expédition française. Le Couvent-Blanc était tout construit de fragments d'antiquités égyptiennes. Il était encore debout au temps de Vansleb, qui prétend que c'est un des plus beaux monastères de l'Égypte. Il a été démoli presque en entier, et l'église n'a plus de voûte; quelques moines coptes vivent au milieu de ces ruines. On dit que les moines du Couvent-Blanc, autrefois très-nombreux, s'occupaient de chercher la pierre philosophale; cette opinion était si bien répandue au dehors, que les Arabes, persuadés que les édifices de ce couvent récelaient des trésors, les ont renversés de fond en comble, mais sans trouver ce qu'ils cherchaient.

« Au fond du Delta, près du lac de Bourlos, on trouve, encore existant mais dégradé, le monastère de Saint-Gémiane, dans lequel s'opère tous les ans, à ce que disent les Coptes, un très-grand prodige : des apparitions! Cette apparition, qui a lieu sur un des murs intérieurs de l'église, consiste dans la réflexion des objets du dehors et leur reproduction au dedans par les rayons qui passent à travers les croisées, à peu près comme dans la chambre obscure. L'ignorance des Coptes est telle, qu'il ne serait pas possible de leur faire concevoir que ces apparitions, qui ont lieu toutes les fois qu'un individu passe derrière l'église à la distance convenable pour que la réflexion ait lieu, ne sont absolument que des illusions d'optique.

« Les Arabes ont le droit d'entrer au monastère et de s'y faire nourrir les trois jours que dure la fête patronale. Les moines achètent par quelques sacrifices, en cette occasion, leur sûreté de toute l'année. Au surplus, la police y envoie ses agents pour maintenir l'ordre, et le troisième jour, après le dîner, on voit les Arabes s'enfuir, plutôt que se retirer, de peur de la bastonnade, que les traîneurs reçoivent.

« La Thébaïde fut le lieu de prédilection des chrétiens qui voulaient entrer dans la carrière d'expiation et de sanctification. Ils choisissaient, pour creuser leurs cellules ou placer leurs monastères, les montagnes presque taillées à pic, qui, dans quelques parties de la chaîne arabique, s'avancent jusqu'au Nil, ou du moins, celles dont le Nil va baigner le pied au temps des crues. Ceux qui s'enfonçaient dans l'intérieur de la Thébaïde cherchaient le voisinage des eaux vives.

« De tous les monastères qu'a vus s'élever cette contrée, le plus fameux était celui de Saint-Antoine, à trois ou quatre journées du Nil au sud-est de Fostat, et à quelques lieues de la mer Rouge, sur le Djibal Arabah (montagne des chariots); par sa forme extérieure et intérieure il ressemble à celui de Saint-Macaire; mais l'enceinte, beaucoup plus vaste, renferme des jardins grands et productifs et plusieurs sources de bonne eau. Il n'est pas besoin de vous dire que saint Antoine fut le fondateur vénéré de ce monastère; la règle des moines est très-dure, et ils supportent les privations avec une constance digne d'éloges.

« Près de l'ancienne Panopolis (l'Akmin moderne) est le couvent des Sept-Montagnes, au fond d'une gorge où l'on n'aperçoit le soleil que deux ou trois heures après son lever. Plus loin, on découvre le couvent de Karkas, taillé en entier dans la roche même; l'accès en est très-difficile. Le couvent de Kosaïr ou *de la Mule*, situé sur le sommet d'une montagne, dominait sur le Nil, sur le désert et sur le bourg de Scharan, peu éloigné du Caire, et, suivant plusieurs écrivains, patrie de Moïse. Ce nom de la Mule lui avait été donné, dit Macrisy, parce que les moines avaient une mule qui descendait chaque jour toute seule au Nil, où un homme qui s'y tenait remplissait les outres qu'elle apportait; après quoi elle s'en retournait avec sa charge. Ce monastère a été démoli par ordre du calife Hakem, dont le caractère naturellement capricieux était toujours fortement excité par l'intolérance mahométane.

« La Thébaïde, qui, depuis le Caire jusqu'à Syène, offre une longueur de près de deux cents lieues, sur quarante environ de large, entre la mer Rouge et la chaîne arabique, a quelques plateaux qu'on pourrait cultiver et deux vallées qui peuvent servir de communication entre le fleuve et la mer. Le principal plateau était celui d'Alabastronpolis, ainsi nommé d'une carrière qui fournissait de l'albatre; c'est aujourd'hui la plaine de Sannour, où l'on ne retrouve aucune trace de culture.

« La première vallée, vous la connaissez déjà; c'est celle qui servit de route aux Hébreux conduits par Moïse. La seconde est celle de *Birambar,* par laquelle on se rend de Coptos à Kosséir, sur la mer Rouge; il y a deux autres routes, dont l'une part de Keneh et l'autre de Kous, aboutissant toutes deux à Birambar (*le puits des puits*). C'est dans cette vallée, nue, aride, déserte, qu'on trouve la fontaine d'Almorh, la meilleure de toute l'Égypte; l'eau en est excellente; à peu de distance, on trouve beaucoup de puits abondants. Cette route de Kosséir n'était pas celle qui conduisait à Bérénice, qu'un désert immense séparait de Coptos. Construite avec beaucoup de soin, offrant aux voyageurs des caravansérais de distance en distance, des puits, un canal qui en suivait les contours, cette route n'a pas laissé de traces de son existence. Bérénice avait été construite par Ptolémée Philadelphe, qui lui donna le nom de sa mère.

« Cette ville de Kosséir, dont je vous ai parlé,

ou plutôt ce village, est le rendez-vous des caravanes qui vont encore à la Mecque en traversant la mer, et des vaisseaux qui apportent à l'Égypte les denrées de l'Arabie. Le port, abrité des vents du nord par une ligne de brisants, est le meilleur de toute la côte; mais comme il a très-peu de fond, il ne peut recevoir que de petits bâtiments, ce qui le rend à peu près inutile au commerce. Le village, de même que Suez, ne consiste qu'en quelques maisons mal bâties. Le pays ne produit rien; on y manque d'eau; celle qu'on y trouve est saumâtre et diffère peu de l'eau de la mer. La pêche y est abondante, et les habitants ne se nourrissent guère que de poisson. Le rivage est tout couvert de coraux, de madrépores et d'autres productions marines. Kosséir a beaucoup perdu, quand les caravanes ont commencé à suivre la route de terre.

« Aïdab, au sud de Kosséir, fut pendant longtemps la route des pèlerins qui se rendaient à la Mecque; ils y trouvaient des barques qui les transportaient à Djiddah. Les marchands de l'Inde, de l'Yémen et même de l'Abyssinie, se rendaient pareillement à Aïdab. Cela dura jusqu'au règne de Bibars, qui, l'an 665 de l'hégire, envoya les caravanes par terre à la Mecque; les marchands ne tardèrent pas à abandonner ce port. Les habitants ont fait comme les marchands, et la ville, aujourd'hui, est presque déserte.

« Quant à Bérénice, à l'extrémité de la Thébaïde, les Lagides voulaient en faire l'entrepôt du commerce de l'Inde, mais, malgré leurs efforts, l'art ne put vaincre la nature. Le port n'était ni sûr ni commode; les vaisseaux devaient se rendre à Myos Hermos, au nord de Bérénice. Le port de cette ville est entièrement comblé; la ville elle-même est tout à fait ruinée; le port de Myos Hermos n'est pas en meilleur état. Dans une île voisine, au sud, connue sous le nom de Souakem, on pêche quelques huîtres à perles.

« Ptolémée Évergètes, voulant s'assurer la possession des conquêtes qu'il avait faites sur les Éthiopiens, bâtit une ville sur le bord de la mer à la hauteur de Méroé. On croit que ce fut celle d'Adulès, où le moine Colmas trouva sur une table de marbre l'inscription connue sous le nom de *Monument d'Adulès*. Cette inscription ne consiste qu'en un éloge fastueux de Ptolémée Évergètes. »

M. Roland finissait à peine de parler que l'on découvrit les minarets dorés de Rosette; la caravane y était attendue avec une vive impatience. Le négociant d'Alexandrie, M. Dubreuil, d'un côté, l'octogénaire Mohammed de l'autre, augmentaient depuis deux ou trois jours la famille de M. Dupré. Après plusieurs jours passés dans les fêtes et surtout dans une douce intimité, il fallut songer au départ, et ce ne fut pas sans regrets qu'on se sépara les uns des autres. Ces regrets, il est vrai, furent adoucis par l'espérance qu'on avait de se revoir. Le Mamlouk, seul, en serrant dans ses bras M. Roland, lui donnait le dernier adieu. Quant à M. Dupré, en confiant son fils à M. Roland et à son élève, il semblait leur dire : Je vous regarde comme mes plus chers amis. La traversée fut heureuse, et après quinze jours de navigation, le vaisseau qui transportait nos voyageurs entrait à pleines voiles dans le port de Marseille.

FIN.

# TABLE

DES CHAPITRES CONTENUS DANS CE VOLUME.



FIN DE LA TABLE.


TOURS. — IMP. DE MAME.

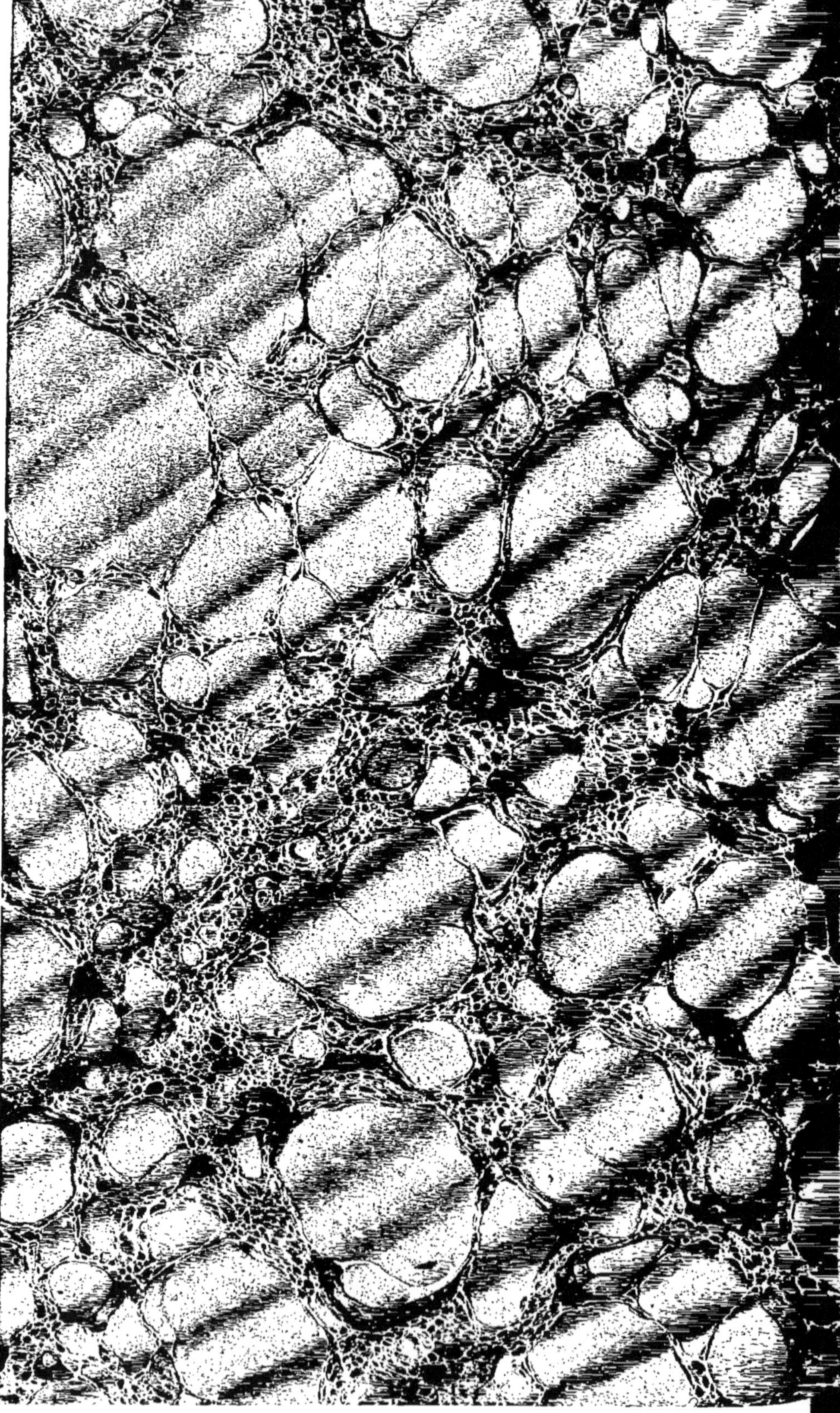

www.ingramcontent.com/pod-product-compliance
Ingram Content Group UK Ltd.
Pitfield, Milton Keynes, MK11 3LW, UK
UKHW020103200726
13856UKWH00002B/346

9 782013 365123